贵州省高层次创新型人才培养计划资助项目

贵州警察学院学术著作出版基金资助项目

DNA 损伤及其修复

王树栋　著

U0273664

群众出版社

·北 京·

图书在版编目（CIP）数据

DNA 损伤及其修复／王树栋著 . --北京：群众出版社，2024.7. --ISBN 978-7-5014-6398-5

Ⅰ. Q523

中国国家版本馆 CIP 数据核字第 2024WG4959 号

DNA 损伤及其修复

王树栋 著

策划编辑：张建平

责任编辑：赵昌波

责任印制：李铁军

出版发行：群众出版社

地　　址：北京市丰台区方庄芳星园三区 15 号楼

邮政编码：100078

经　　销：新华书店

印　　刷：北京市科星印刷有限责任公司

版　　次：2024 年 7 月第 1 版

印　　次：2024 年 7 月第 1 次

印　　张：11.75

开　　本：787 毫米×1092 毫米　1/16

字　　数：210 千字

书　　号：ISBN 978-7-5014-6398-5

定　　价：50.00 元

网　　址：www.qzcbs.com

电子邮箱：qzcbs@sohu.com

营销中心电话：010-83903991

读者服务部电话（门市）：010-83903257

警官读者俱乐部电话（网购、邮购）：010-83901775

教材分社电话：010-83903084

前　言

DNA（脱氧核糖核酸）是存储、复制和传递遗传信息的主要物质基础。由于 DNA 对生命体的特殊重要性，科学家们从未停止对 DNA 的研究。1953 年，沃森（Watson）和克里克（Crick）首次发现了 DNA 的双螺旋结构。然而，由于一些内源性和外源性的因素，如紫外辐射、电离辐射、遗传毒性物质、金属离子等会导致 DNA 不断地发生损伤。据研究，细胞每天发生 $10^4 \sim 10^5$ 次不同类型的 DNA 损伤。DNA 一旦发生损伤就需要及时修复，如果修复失败，可能导致衰老、癌症等后果。所幸，从低等的单细胞生物到复杂的哺乳动物和人类都已经进化出一系列复杂的修复能力来维持 DNA 稳定。20 世纪 40 年代，阿尔伯特·凯尔纳（Albert Kelner）和雷纳托·杜尔贝科（Renato Dulbecco）首次发现了光修复 DNA 的现象。2015 年诺贝尔化学奖授予瑞典科学家托马斯·林达尔（Tomas Lindahl）、美国科学家保罗·莫德里奇（Paul Modrich）和土耳其科学家阿齐兹·桑贾尔（Aziz Sancar），以表彰他们在基因修复机理研究方面所作的贡献。由于 DNA 损伤在多种疾病中都扮演着重要的角色，DNA 损伤修复的研究一直是热点之一。2024 年是 DNA 双螺旋结构发现 71 周年，DNA 领域的许多新技术、新成果不断涌现，对 DNA 的研究必将给人类的健康和生活带来深远的影响。

笔者结合自己的科研经历撰写本书，其中，第一至六章从 DNA 的结构、DNA 损伤的原因、常见 DNA 损伤类型、DNA 损伤的修复等方面，比较系统地介绍了 DNA 损伤的相关知识及一些有代表性的最新研究成果，并介绍了单分子技术和分子动力学模拟在 DNA 研究中的应用。第七至十三章，介绍了笔者近几年在 DNA 损伤领域的主要研究成果。这些研究涉及的方法涵盖了量子化学计算、分子动力学模拟、自由能计算、机器学习等，研究内容包括 DNA 损伤的机理、受损碱基的翻转、修复蛋白对受损 DNA 的识别等热点，对相关领域的科研和教学有一定的参考意义。

书中参考了国内外一些课题组和个人的研究成果，均在参考文献中列出，在此向其作者表示感谢。

由于笔者水平有限，虽几易其稿，但书中难免有错误和不足之处，欢迎广大读者提出宝贵意见。

王树栋

2024 年 4 月

contents/目　录

理论篇

实验篇

理论篇

1 DNA 的结构

1.1 DNA 结构的发现

DNA（脱氧核糖核酸）是储存、复制和传递遗传信息的主要物质基础。1951 年，James Watson 在意大利那不勒斯召开的一次会议上偶然听到了 Maurice Wilkins 的报告，Maurice Wilkins 拿出一张 X 射线衍射图片，图片表明 DNA 的结构是有规则的。自此，James Watson 对 DNA 的结构产生了浓厚的兴趣。后来，James Watson 到了卡文迪许实验室工作，并在这里与 Francis Crick 初次见面。尽管当时他们都在做着蛋白质晶体结构的研究工作，但两人都对"基因到底是什么"兴趣颇深。他们深信一旦得到了 DNA 的结构，对于研究基因将会有很大帮助。1952 年，Watson 和 Crick 都在研究关于 DNA 的一些毫无关联的结论并试图将它们联系到一起。其中一个就是生化学家 Erwin Chargaf 在早些年的一个发现——Chargaf 规则。他通过分析很多不同有机体的 DNA，发现 4 种 DNA 碱基的总比例因物种不同而变化，但腺嘌呤的数量总是同胸腺嘧啶相等，鸟嘌呤与胞嘧啶相等。

1952 年 12 月，化学家 Pauling 提出一个以糖和磷酸骨架为中心的三条链的 DNA 螺旋结构。但是 Pauling 模型里的磷酸基团没有离子化，从某种意义上来说，Pauling 的核酸根本就不是一种酸。Watson 找到了 Maurice Wilkins，Maurice Wilkins 拿出了一张 Franklin 称为 "B 型" DNA 的照片副本。Franklin 是世界上最优秀的结晶学家，她通过研究发现当 DNA 干燥的时候，会变得较短较粗，她给 DNA 的这种形态取名 A 型；当 DNA 潮湿的时候，会变得较长较细，她给 DNA 的这种形态取名 B 型。通过丰富的经验和实验技巧，Franklin 拿到了 B 型 DNA 的 X-衍射结构图（见图 1.1），初步推断 B 型 DNA 是一种螺旋形的结构，并根据 Patterson 函数分析中的堆积法，推测出磷酸基团应该在 DNA 链的外面，而碱基则位于链的内部。这张照片给了

Watson 很大启发，他在 *The double helix* 中写道："我一看照片，立刻目瞪口呆，心跳也加快了。无疑，这种图像比以前得到的图像要简单得多。而且，只有螺旋结构才会呈现在照片上是那种醒目的交叉形的黑色反射线条。"在回剑桥的火车上，Watson 想在双螺旋结构和三条链结构中作出选择，后来他决定要作一个双链模型。

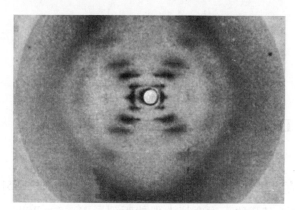

Franklin得到的B−DNA X−衍射　　　　　　　　Watson和Crick提出的DNA双螺旋结构

图 1.1

其实，使 Watson 和 Crick 感到兴奋的不只是 Franklin 图片的清晰。每 34Å 就重复一次的图谱特征使他们领悟到 DNA 结构的重要信息。更有意义的是，图像表明连接到骨架上的碱基是一个挨一个整齐地堆积起来的。但同时也出现了新的问题，糖—磷酸骨架是在内部还是外部呢？Watson 认为应把骨架放在中心，但 Crick 认为两种可能都应该考虑。

1953 年 2 月，Crick 夫妇邀请 Wilkins 和 Watson 到家里吃饭。Crick 和 Watson 了解到国王大学已经准备好了一份关于 DNA 研究的报告并从 Wilkins 那里拿到了副本。这份报告里面有许多重要的线索，其中包括 DNA 的结构具有特殊的对称性，这可能意味着 DNA 分子是由反向的两条链组成。但面临的问题仍然是如何将碱基有机地结合在一起。Watson 坚持用"同类碱基配对"的原则。可是，碱基在大小形状上的不同不是使模型的碱基间产生缺口就是使骨架变形。

一周后，Watson 开始重新制作 DNA 模型。突然，他发现一个由两个氢键维系的腺嘌呤—胸腺嘧啶对竟然和一个至少由两个氢键维系的鸟嘌呤—胞嘧啶对有着相同的形状。如果碱基以这种方式结合，骨架就不会凹凸不平了。而且，这样的排列能够很好地解释 Chargaf 的发现。A 总是和 T 配对，自然它们的数量就相等，这对 G 和 C 也同样适用。更令人兴奋的是，这种双螺旋结构还提出了一种 DNA 复制机制，腺嘌呤总是与胸腺嘧啶配对，鸟嘌呤总是与胞嘧啶配对。这说明两条相互缠绕的链上碱基序列是彼此互补的。只要确定其中一条链的碱基序列，另一条链的碱基序列也就自然确定了。因此，一条链作为模板怎样合成另一条具有互补碱基序列的链，也就不难设想了。于是，他马上询问了 Donahue 对于这些碱基对的看法，得到了他的支持。1953 年 4 月 25 日，25 岁的 Watson 和 37 岁的 Crick 在 *Nature* 杂志刊登了他们的发现。[①] 1962 年，Watson、Crick 和 Wilkins 共同获得了诺贝生理学或医学奖。

1.2　DNA 的一级结构

　　Watson 和 Crick 提出的 DNA 的双螺旋结构模型，揭示出 DNA 是由两条长度相同、方向相反的多聚脱氧核糖核苷酸链围绕同一假想中心轴向右盘旋形成的双螺旋结构，两条链称为互补链。每个核苷酸都是由磷酸基、糖环和含氮碱基组成。两个核苷酸由磷酸二酯键连接，其中有一个磷酸基团连接一个核苷酸的 3′-羟基到下一个核苷酸的 5′-磷酸基，在多核苷酸链中产生方向性（见图 1.2）。DNA 中有嘌呤和嘧啶两种类型的碱基，即腺嘌呤（A）和鸟嘌呤（G），胞嘧啶（C）和胸腺嘧啶（T）（见图 1.3），碱基决定了核苷酸的类型。碱基之间通过氢键连接，并且有严格的配对规律：A 与 T 配对，形成两个氢键；G 与 C 配对，形成三个氢键。

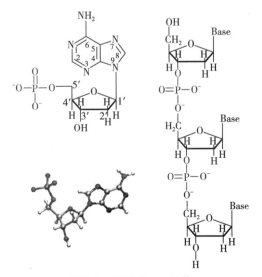

图 1.2　核酸的一级结构

①　Waston，Crick. Molecular structure of nucleic acids. Nature，1953（2）.

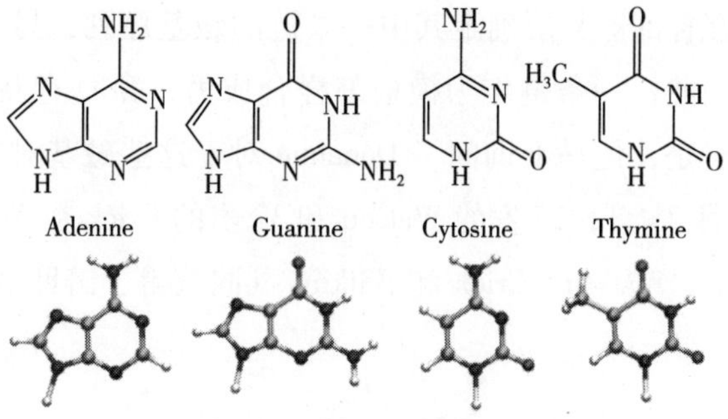

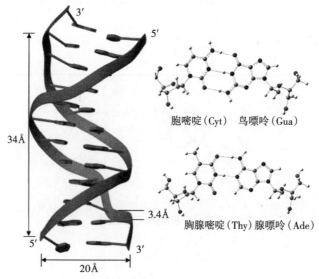

图 1.3　常见的四种 DNA 碱基

1.3　DNA 的二级结构

DNA 双螺旋空间结构称为 DNA 的二级结构（见图 1.4）。DNA 双螺旋结构在生理状态下非常稳定，横向依靠两条互补链碱基之间的氢键相互作用，纵向依靠碱基平面键的疏水性堆积力维持。DNA 分子中碱基的堆积使 DNA 分子内部形成一个强大的疏水作用区，与介质中的水分子隔开，这使互补碱基之间的氢键更稳定。此外，磷酸基的负电荷与介质中阳离子的正电荷之间形成的离子键也参与维持双螺旋结构的稳定。DNA 相邻碱基堆积距离为 3.4Å，各碱基平面与螺旋长轴垂直，并有一个 36° 的夹角。双螺旋每转一周有 10 个碱基对，每转的高度（螺距）为 34Å，且螺旋的表面都有一大沟（major groove）和一小沟（minor groove）。

图 1.4　DNA 的二级结构

1.4 DNA 结构的多态性

Watson 和 Crick 提出 DNA 分子是右旋双螺旋结构，他们是以在 92% 相对湿度下进行 X-射线衍射图谱测定而推定的，在这一条件下得到的 DNA 为 B 构象，称为 B-DNA。后来发现，B-DNA 是 DNA 在细胞内最常见也是最稳定的构象。实际上 DNA 的结构是动态的，在相对湿度为 75% 时 DNA 是 A 构象（A-DNA，见图 1.5）。A 构象的 DNA 同样为右手螺旋，但小沟较宽，螺距 24.6Å，每转 11 个碱基对，碱基对间垂直距离 2.6Å，呈现更紧密的螺旋状态。这一构象不仅出现于脱水 DNA 中，还出现在 RNA 分子的双螺旋区域和 DNA-RNA 杂交分子中，因此在 DNA 转录时，可能发生 B-A 型的转变。将相对湿度进一步降到 66%，就出现 C 型 DNA（C-DNA），C-DNA 同样为右手双螺旋，螺旋每转一圈包含约 9.3 个核苷酸残基，螺距 31Å，碱基斜角呈 6°，存在于染色质和某些病毒中。这些研究表明 DNA 分子结构在不同条件下可以有所不同，但它们均为右手双螺旋。而经过长期的研究发现，DNA 不仅能形成右手双螺旋，也能形成左手双螺旋，甚至还能形成三股螺旋和四链体螺旋等多种形式。

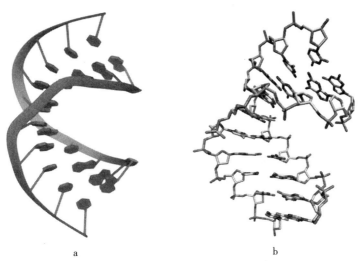

a   b

图 1.5 A-DNA（PDB: 4IZQ）

1.4.1 左旋双螺旋（Z-DNA）

1979 年美国麻省理工学院的 Alexander Rich 和他的研究小组在研究人工合成的 CGCGCG 单晶时，发现该单晶呈向左的螺旋，并且它的两条主链呈 Z 字形环绕分子，Rich 就将这种独特的结构称为 Z-DNA。Z-DNA 直径约 18Å，螺旋的每转有 12 个碱基对，整个分子细长而伸展。Z-DNA 的碱基对偏离螺旋中心轴，并靠近螺旋外侧，螺旋的表面只有小沟，没有大沟。研究表明，Z-DNA 形成是 DNA 单链上出现嘌呤和嘧啶交替排列所造成的，如 CGCGCG 或 CACACA。在细胞内尽管 DNA 上具有这样的区段，但在正常情况下 DNA 仍形成稳定的 B-DNA 结构。只有当胞嘧啶的第 5 位碳原子甲基化时，在甲基的周围形成局部疏水区，这一区域扩展到 B-DNA 大沟中，使 B-DNA 不稳定而转变成 Z-DNA。这种 C5 甲基化现象在真核生物中是常见的，因此 B 构象的 DNA 中存在 Z-DNA 构象是可能的。后来又利用 Z-DNA 抗体能结合 Z-DNA 的特性，为许多生物的 DNA 中存在 Z-DNA 提供了直接证据。近期，中国海洋大学梁兴国团队最新的研究证明，在转录过程中产生的较高强度负超螺旋可能通过形成左螺旋 DNA 的方式得以暂时缓解，以避免易于造成损伤的较长单链 DNA 形成。Z-DNA 的确存在于细胞中，并且具有重要的功能。现已证明 Z-DNA 参与基因调节——控制基因的启闭。因为 Z-DNA 的形成，使局部 DNA 双链处于不稳定状态，这就有利于 DNA 双链解开，而 DNA 解链是 DNA 复制和转录的必要环节。Alexander Rich 小组利用 Z-DNA 抗体，证实在 DNA 调节基因转录的区域中存在 Z-DNA，并发现这种短的片段既能增强基因的活性，亦能抑制附近基因的活化，这主要取决于环境的不同。在细胞分裂过程中，Z-DNA 可能还参与基因的重组。又由于 Z-DNA 分子中大沟消失，小沟深而狭，含有更多的遗传信息，也可能通过蛋白的不同识别方式来调节细胞的多种生命活动（见图 1.6）。

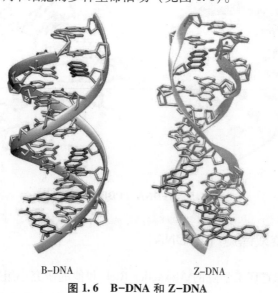

B-DNA　　　　　　　　　　Z-DNA

图 1.6　B-DNA 和 Z-DNA

1.4.2 三螺旋 DNA（T-DNA）

在 Watson 和 Crick 提出双螺旋结构模型之前，Pauling 就提出过三螺旋 DNA（见图 1.7）。至今发现的三链 DNA 可分为两类，即三股螺旋结构和白春礼院士等用扫描隧道电子显微镜（STM）观察到的三股发辫结构。三股螺旋结构是在 DNA 双螺旋结构的基础上形成的，三链区的三条链均为同型嘌呤（homopurine-HPu）或同型嘧啶（homopyrimidine-HPy），即整段的碱基均为嘌呤或嘧啶。根据第三条链来源不同，三股螺旋可分为分子间和分子内两组；根据三条链的组成及相对位置又可分为 Pu-Pu-Py 和 Py-Pu-Py 两型。在 Py-Pu-Py 型三链中，两条为正常的双螺旋，第三条嘧啶链位于双螺旋的大沟中，它与嘌呤链的方向一致，并随双螺旋结构一起旋转。三链中碱基配对的方式与双螺旋 DNA 相同，即第三个碱基仍以 A＝T、G＝C$^+$ 配对，但第三链上的 C 必须质子化，且它与 G 只形成两个氢键。在 Pu-Pu-Py 型中，存在 A＝A、G＝G 配对。

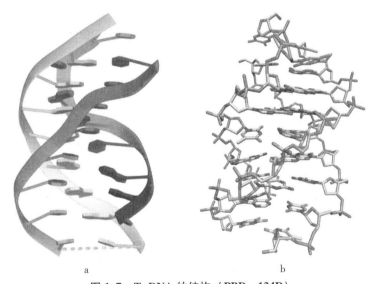

a   b

图 1.7　T-DNA 的结构（PBD：134D）

当 DNA 双链中含 H-迴文序列（H-Palindrome Squence），即某区段 DNA 两条链为 HPu 和 HPy，并各自为迴文结构时，任何一条完整的迴文结构与另一迴文结构的 5′部分或 3′部分都可以形成分子内的三股螺旋结构，它们是 Py-Pu-Py 或 Pu-Pu-Py 型，剩余的半条迴文结构则游离成单链，这种三股螺旋和单链 DNA 合称为 H-DNA。近年来，在真核细胞染色质中，发现许多基因的调控区和染色质重组部位都含有 H-迴文序列，研究证实在细胞完整染色体中确实存在 H-DNA。

三链 DNA 的研究有助于进一步弄清染色体结构及闭转录因子的结合位点，而达到关闭有害基因或病毒基真核基因的转录、复制、调控和重组的机理。目前还发现三链 DNA 有重要的应用价值。如可利用单链 DNA 片段将切割剂（核酸内切酶、EDTA-Fe 等）携带到 DNA 特定位点，从而达到有选择性击断染色体 DNA 的目的；又因细胞内转录因子等调控蛋白只有和双螺旋 DNA 结合后才能打开特定基因使其转录，但是转录因子不能和三股螺旋结合，因此可以利用寡聚 DNA 片段封闭转录因子的结合位点，而达到关闭有害基因或病毒基因的目的。目前，美国科学家开发出通过第三链 DNA 分子插入 DNA 双螺旋的技术，用以破坏病毒基因等。

1.4.3　DNA 四链体（G-quadruplex）

四链体的研究最早是从 1958 年开始的，2013 年 1 月，Shankar Balasubramanian 团队在 Nature Chemistry 杂志发表论文，该研究表明在人类细胞中存在着一种不同寻常的四链 DNA 结构——G-四链体（G-quadruplex）（见图 1.8）。此螺旋的基本结构单位是由四个鸟嘌呤在一个正方形平面内以氢键环形连接而成。在四链体的中心有一个由 4 个带负电荷的羧基氧原子围成的"口袋"。通过 G-四链体的堆积，可以形成分子内或分子间的右手螺旋，螺旋每圈含 13 个 G-四链体。G-四链体有两个显著的特点：一个特点是它的稳定性取决于"口袋"内所结合的阳离子种类，已知结合 K+ 的情况下四链体最稳定；另一个特点是它在热力学和动力学上都很稳定，在 K+ 溶液中，d（TTGGGG）$_n$ 在 90℃ 时仍可稳定存在。

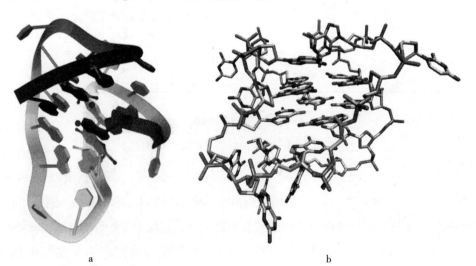

a　　　　　　　　　　　　　　　　b

图 1.8　G-quadruplex 的结构（PBD：6JKN）

对四链体 DNA 生物学意义的研究还处于发展阶段。目前的研究发现，在真核染色体末端具有特异的碱基序列［如人：(TTAGGGG)$_n$］在其 3′端还形成一段单链突出。真核生物独特的染色体末端与相关蛋白质结合，组成染色体特定的结构——端粒。由于端粒的特异序列，在正常生理条件下，可形成分子内四链体螺旋；两个 DNA 分子或染色体分子也可以彼此连接起来成为一个局部的分子间四螺旋结构。因此可以推测染色体末端的四链体螺旋可能起着稳定染色体和在复制过程中保持其完整性的作用以及参与端粒 DNA 的复制。由于 G-四链体的特殊性质，近年来对其的研究成为热门。2020 年 8 月，Shankar Balasubramanian 团队在 *Nature Genetics* 发表最新论文，首次在乳腺癌细胞中发现 G-四链体，并有望根据 G-四链体确定乳腺癌亚型。G-四链体的丰度和位置在癌症中有重要作用，也可作为开发治疗方法、对抗乳腺癌的重要潜在靶点。在癌细胞的 DNA 复制和细胞分裂过程中，基因组许多区域可能会被错误地复制多次，从而导致所谓的拷贝数变异（CNA）。研究团队使用他们开发的定量测序技术研究了 22 种模型肿瘤中的 G-四链体结构。检测结果表明，G-四链体普遍存在于这些拷贝数变异（CNA）中，尤其是在驱动转录和肿瘤生长中起积极作用的区域。

1.4.4　环状 DNA 和超螺旋 DNA

真核生物的染色体 DNA 多数为双链线性分子，但细菌的 DNA、某些病毒的 DNA、细菌质粒、真核生物的线粒体和叶绿体的 DNA 为双链环形 DNA。在生物体内，绝大多数双链环形 DNA 可进一步扭曲成超螺旋 DNA，这种结构还被称为共价闭环 DNA（见图 1.9）。超螺旋 DNA 具有更为致密的结构，可以将很长的 DNA 分子压缩在一个较小的体积内，同时增加了 DNA 的稳定性。

图 1.9　环状 DNA 和超螺旋 DNA

1.5 DNA 的性质

1.5.1 DNA 的理化性质

DNA 为纯白色纤维状固体，微溶于水，其钠盐在水中的溶解度较大。DNA 不溶于乙醇、乙醚和氯仿等一般有机溶剂，但可溶于 2-甲氧乙醇。由于 DNA 为线型分子，长度可达几厘米而分子直径只有 2nm，因此 DNA 溶液的黏度极高。DNA 既有磷酸基又有碱性基团，所以是两性物质，等电点为 pH4~4.5。在强酸和高温下，核酸可以水解为碱基、脱氧核糖和磷酸。在浓度低的无机酸中，最易水解的化学键被选择性地断裂，由于磷酸酯键比糖苷键更稳定，所以首先生成的是脱嘌呤酸。碱效应使碱基的互变异构态发生变化，这种变化影响到特定碱基间的氢键作用，导致 DNA 双链的解离。

1.5.2 紫外吸收性质

由于嘌呤和嘧啶共轭体系的存在，DNA 对 250~290nm 波段的紫外线有强烈吸收，最高吸收峰接近 260nm。DNA 的这一性质可以被用来定位核酸在细胞和组织中的分布，以及它们在色谱和电泳谱上的位置。发生变形的 DNA 复性成双螺旋结构后，其在 260nm 的吸收就会降低，这种现象被称为减色效应。若将核酸水解为核苷酸，紫外吸收值通常增加 30%~40%，这种现象被称为增色效应。

2 DNA 损伤的原因

在正常情况下，DNA 是非常稳定的。然而，稳定的双螺旋结构并不意味着 DNA 是一成不变的，一些内源性和外源性的因素导致 DNA 不断地发生损伤，细胞每天发生约 $10^4 \sim 10^5$ 次不同类型的 DNA 损伤。[1] 这些内源性和外源性的因素主要来自环境因素，包括辐射、遗传毒性物质和紫外线等，体内代谢产生的活性氧（Reactive Oxygen Species，ROS）及自发的核苷酸残基水解反应等（见图 2.1）。

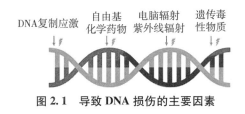

图 2.1 导致 DNA 损伤的主要因素

2.1 外源性因素

2.1.1 紫外线辐射

紫外线辐射（UVR）是波长在 100nm ~ 400nm 范围内的电磁辐射，其主要来源是阳光，这使阳光成为人类经常接触的最主要的环境致癌物。根据不同波长的生物效应，UVR 可细分为紫外线 C（UVC；100 ~ 280nm）、紫外线 B（UVB；280 ~ 320nm）和紫外线 A（UVA；320 ~ 400nm）。UVC 的杀菌性广为人知，但是 UVC 会被臭氧层挡住，而不能穿透皮肤。由于 UVA 和 UVB 波长的阳光可以被皮肤不同层的细胞通

---

[1] Frenkel, K., Goldstein, M.S., Duker, N.J., Teebor, G.W. Identification of the cis – thymine glycol moiety in chemically oxidized and gamma – irradiated deoxyribonucleic acid by high – pressure liquid chromatography analysis. Biochemistry, 1981 (20).

过各种细胞生物分子吸收，因此 UVA 和 UVB 被认为与人类健康更相关。UVA 和 UVB 具有几个独特的性质，这些特性与理解 UVR 诱导的皮肤致癌有关。UVA 占阳光 UVR 的 90%~95%，可到达人体皮肤的真皮层。相比之下，UVB 仅影响皮肤表皮层内的细胞，然而，UVB 通常被认为比 UVA 更致癌，因为它被 DNA 更有效地吸收。尽管太阳是 UVA 和 UVB 的自然来源，但应注意的是，人类有时也会接触到其他 UV 光源，包括晒黑室、固化灯（荧光灯、汞蒸气灯）、高强度放电灯、某些类型的发光二极管（LED）和激光器。

核酸、蛋白质和脂质都能够吸收紫外线波长的光，大量的研究表明紫外线可以诱发各种形式的 DNA 损伤，包括双嘧啶二聚体、氧化碱、蛋白质-DNA 交联以及与脂质过氧化物分解产物的环加成反应。此外，由光氧化过程产生的羟基自由基（˙OH）可以攻击 DNA，产生单链断裂，而双链断裂可能在反应异常的 DNA 修复中间物时形成或作为复制叉（也称作生长点，是 DNA 复制时在 DNA 链上通过解旋、解链和 SSB 蛋白的结合等过程形成的 Y 字型结构）断裂的结果。

2.1.2　电离辐射

电离辐射损伤 DNA 有直接和间接的效应，直接效应是 DNA 直接吸收射线能量而遭损伤，间接效应是指 DNA 周围其他分子（主要是水分子）吸收射线能量产生具有很高反应活性的自由基进而损伤 DNA。电离辐射可导致 DNA 分子的多种变化：一是碱基变化。主要是由˙OH引起，包括 DNA 链上的碱基氧化修饰、过氧化物的形成、碱基环的破坏和脱落等。一般嘧啶比嘌呤更敏感。二是脱氧核糖变化。脱氧核糖上的每个碳原子和羟基上的氢都能与˙OH反应，导致脱氧核糖分解，最后会引起 DNA 链断裂。三是 DNA 链断裂。这是电离辐射引起的严重损伤事件，断链数随照射剂量而增加。射线的直接和间接作用都可能使脱氧核糖破坏或磷酸二酯键断开而致 DNA 链断裂。DNA 双链中一条链断裂称为单链断裂（Single Strand Broken，SSB），DNA 双链在同一处或相近处断裂称为双链断裂（Double Strand Broken，DSB）。DSB 是最严重的损伤，若不及时有效地准确修复，会导致基因突变，染色体重排，甚至导致细胞死亡。四是交联。包括 DNA 链交联和 DNA-蛋白质交联。同一条 DNA 链上或两条 DNA 链上的碱基间可以共价键结合，DNA 与蛋白质之间也会以共价键相连，组蛋白、染色质中的非组蛋白、调控蛋白、与复制和转录有关的酶都会与 DNA 共价键连接。这些交联是细胞受电离辐射后在显微镜下看到的染色体畸变的分子基础，会影响细胞的功能和 DNA 复制。

2.1.3 遗传毒性物质

一些外源性化合物、重金属、强氧化剂、强酸和强碱、毒物和毒品等也是导致 DNA 损伤的重要因素，研究者们对此进行了大量的研究。本部分重点就金属离子、部分常见化合物导致的 DNA 损伤进行介绍。

过渡金属广泛存在于人体之中，其摄入途径包括食品、饮水以及空气等。在生物体内以离子或螯合物的形式存在的过渡金属，其生物效应是多样的，从作为机体的必需元素到毒性都有报道。金属离子参与 Fenton 反应生成 ROS，后者进攻 DNA 分子导致损伤。在没有金属离子存在时 DNA 能抵挡约 10m molL^{-1} 浓度的 H_2O_2，但是只要有极微量的金属离子，就能使 H_2O_2 转化成 $\cdot OH$，继而引起 DNA 损伤。金属离子导致 DNA 损伤能力的大小，主要由两个因素决定：一是金属离子活化 H_2O_2 的能力。二是金属离子与 DNA 分子的亲和力。孙永梅等人的研究表明，几种金属离子介导核酸损伤的能力如下：$Fe^{2+} \gg Cu^{2+} > Cr^{6+} > Cr^{3+} > Pb^{2+}$，而 V^{3+}、Ni^{2+}、Cd^{2+}、Zn^{2+}、Fe^{3+} 等几乎没有作用。贾秀英等人研究了镉造成的 DNA 损伤。他们将健康性成熟黑斑蛙（*Rana nigromaculata*）暴露于不同浓度的镉溶液中 30 天，检测其精巢细胞 DNA 损伤，并测定精巢组织中活性氧自由基（ROS）的水平和脂质过氧化主要终产物丙二醛（MDA）含量，探讨镉暴露对黑斑蛙精巢组织的遗传损伤和氧化损伤作用。研究表明，随镉暴露浓度的增加，黑斑蛙精巢组织中的 ROS 水平明显升高，镉染毒组与对照组比较有显著性差异；精巢 MDA 含量以及精巢细胞尾长和尾相显著增加，ROS 水平、MDA 含量以及精巢细胞尾长和尾相与镉暴露浓度之间均呈浓度-效应关系。结果显示，诱导产生自由基并导致脂质过氧化损伤作用增强及 DNA 损伤是镉引起两栖动物雄性生殖毒性的主要机制之一。

甲醛是生活中常见的有毒物质，有研究表明，甲醛类产品超过 65% 应用于合成树脂，包括脲甲醛、酚醛和三聚氰胺甲醛。2004 年，世界卫生组织确定甲醛为 I 类致癌物质。研究显示，工作环境中存在甲醛暴露的相关职业人员罹患白血病、脑癌、鼻咽癌等疾病的风险有所增加。2017 年 6 月，权威学术刊物 *Cell* 发表了剑桥大学医学研究委员会癌症组的研究成果，揭示了甲醛致癌的分子机制。这项研究发现，环境中高浓度的甲醛能够阻止 DNA 的复制，在细胞中引起 DNA 链断裂。不仅如此，甲醛在破坏 DNA 复制后，还会继续降解可帮助 DNA 进行修复的 BRCA2 蛋白，从而导致 DNA 损伤无法被及时修复。而 DNA 损伤的不断积累，正是诱发正常细胞突变成为癌细胞的重要原因。华中师范大学杨旭等人以甲醛为外源性化合物，应用大鼠肝细胞悬液进行体外染毒实验研究表明，随着甲醛浓度升高，大鼠肝细胞中的 8-OHdG 和 MDA 含量呈升高趋势，高浓度组（45μmol·L^{-1}）8-OHdG 和 MDA 含量与对照组的差异均具有显著性。浙江大学医学院的徐立红等人还研究了三丁基锡（TBT）的 DNA 毒性。三丁基锡（TBT）是有机锡化合物的一种，是最有效的船体防污涂料添加剂。他们的研究表明，TBT 暴露的大鼠淋巴细胞尾长和尾相显著升高，显示 TBT 对大鼠有 DNA 损伤作用。此外，DNA 甲基化剂和烷基化剂是造成 DNA 损伤的传统化疗药物。烷基化药物如治疗淋巴瘤的苯达莫司汀（bendamustine）和治疗多发性骨髓瘤的马法兰（melphalan），能在 DNA 上形成共价交联烷基化基团。DNA 甲基化药物如甲基苄肼（procarbazine）和替莫唑胺（temozolomide），则通过在 DNA 的碱基上产生甲基化修饰，如 N7- 和 N3-甲基鸟嘌呤（N7 MeG，N3 MeG）、N3-甲基腺嘌呤（N3 MeA）、O6-甲基鸟嘌呤（O6MeG）。这些修饰不直接引起细胞毒性，但在 DNA 复制过程中会造成错配，这些错配被 BER、MMR 或 NER 通路识别而转化成双链断裂。大量的双链断裂积累造成细胞无法修复，复制受阻，从而诱发细胞死亡。

毒品滥用是严重的社会问题，对吸食者的心理和生理更是有严重的损伤。研究表明，吸食毒品后身体释放的大量多巴胺（DA）可被自氧化及单胺氧化酶（MAO）促氧化产生大量活性氧（ROS），而活性氧被证明是造成人体内 DNA 损伤的重要原因。海洛因是人工合成的乙酰吗啡类衍生物，是阿片类毒品的一种，被广泛滥用。增殖细胞核抗原（PCNA）是存在于所有正在增殖的真核细胞中的一种基本蛋白，通常在细胞核内合成，是 DNA 聚合酶的辅助蛋白，在复制起始和延长中发挥关键作用，同时在真核细胞 DNA 修复的三种主要形式中都起着重要的作用，近年来的研究发现，PCNA 与细胞 DNA 的合成代谢及 DNA 损伤修复密切相关。一些调节蛋白可以由于生长环境的改变或由于 DNA 的损伤而被诱导，并调节和控制 PCNA 的活性，进而调节 DNA 合成与 DNA 损伤修复。吉林大学迟秀梅等人的研究表明，海洛因能使大鼠胶质瘤细胞（C6）PCNA 的 mRNA 水平降低，而 PCNA mRNA 水平的降低会最终影响 DNA 的复制和修复过程，从而造成 DNA 的损伤。此外，一些安非他命类毒品，如甲基苯丙胺（冰毒）等被证明可以导致 DNA 甲基化的发生，并造成染色体的畸变等严重后果。

2.2 内源性因素

2.2.1 活性氧

活性氧（Reactive Oxygen Species，ROS）是指在组成上有氧但化学性质比氧自身更活泼的氧原子或基团，如超氧阴离子自由基（$O_2^{-·}$）、过氧自由基（$ROO^·$）、羟基自由基（$^·OH$）、烷基自由基（$RO^·$）、氢过氧化物自由基（$HO_2^·$）、脂质过氧化自由基（$LOO^·$）、双氧水（H_2O_2）、臭氧（O_3）和单线态氧（$^1O_2$）。它们都有高度活性，反应性强，半衰期短，多引起过氧化反应等特点。ROS 在机体内能自发产生，主要来自线粒体呼吸链，微粒体、过氧化物酶体等，外源性如细菌感染、药物、放射等也可以诱发产生 ROS。生理情况下，ROS 维持在较低水平能发挥抗感染作用，还可以作为信号分子参与多种细胞信号的传递，成为细胞启动多种生物学响应的必需分子。但当 ROS 达到一定量时，大量氧化产物堆积，氧化和抗氧化失衡，就会导致 DNA 的氧化损伤，成为衰老和疾病的重要因素。

2.2.2 自由基

自由基（Free Radical）是指带共价键发生均裂，带有未成对电子的原子、分子或基团。常见的自由基有超氧阴离子自由基（$O_2^{-·}$）、过氧自由基（$ROO^·$）、羟基自由基（$^·OH$）、烷基自由基（$RO^·$）、氢过氧化物自由基（$HO_2^·$）、脂质过氧化自由基（$LOO^·$）、氯自由基（$Cl^·$）、一氧化氮自由基（$NO^·$）等。自由基同样是生物体正常代谢产物，细胞内呼吸作用和细胞外遗传毒性物质，如氧化还原药物、致癌化合物、紫外线辐射和电离辐射导致细胞内每天能产生大量的自由基。正常水平的自由基是维持生命活动所必需的，许多重要的生命活动都有自由基参与，但当超过一定量时，就会与富电子的核酸碱基反应导致 DNA 氧化损伤，这些损伤如果不被及时修复，就可能导致突变或 DNA 聚合酶被阻断等严重后果。

3 常见 DNA 损伤类型

上一章我们介绍了导致 DNA 损伤的主要因素，活性氧是导致 DNA 损伤的一个重要因素。羟基自由基（˙OH）氧化电位 2.8V，具有极强的得电子能力，是自然界中仅次于氟的氧化剂。

在生物体内生成 ˙OH 的途径主要有以下几种：（1）水分子经电离辐射产生（如式 3.1 所示）。（2）芬顿（Fenton）反应产生（如式 3.2 所示）。（3）Haber-Weiss 反应产生（如式 3.3 所示）。（4）光解烷基化的氢过氧化物产生（如式 3.4 所示）。此外，细胞中的酶和药物代谢过程，急性炎症等也会产生 ˙OH。

$$H_2O \xrightarrow{hv} HO^{\cdot} + H^{\cdot} \tag{3.1}$$

$$F_e(\text{II}) + H_2O_2 \rightarrow F_e(\text{III}) + HO^- + HO^{\cdot} \tag{3.2}$$

$$O_2^- + H_2O_2 \rightarrow O_2 + OH^- + HO^{\cdot} \tag{3.3}$$

$$ROOH \xrightarrow{hv} RO^{\cdot} + HO^{\cdot} \tag{3.4}$$

3.1 嘌呤损伤

在所有的 ROS 中，˙OH 对 DNA 和其他生物分子的破坏性最强，在体内它能够进攻包含腺嘌呤、鸟嘌呤、胸腺嘧啶、胞嘧啶在内的全部 DNA 碱基并生成相应的损伤产物，它还能进攻 DNA 的糖磷酸骨架，并通过 ˙OH 从 2′-脱氧核糖部分提取氢原子，产生以碳为中心的糖基，最终导致核酸链断裂。本部分以羟基自由基（˙OH）为例，介绍其导致的 DNA 损伤类型。

˙OH 在体内参与三种反应：（1）使金属离子氧化形成高氧化态。（2）从 C—H 键中抽提 H 原子，形成水合有机化物自由基。（3）加成到双键上。˙OH 进攻体内的碱基主要是发生加成和抽氢反应，反应速率高达 $10^9 \sim 10^{10} \, dm^3/mol \cdot s$。当进攻鸟嘌呤时会生成 C4 加合物、C5 加合物和 C8 加合物自由基（见图 3.1），进攻腺嘌呤时主要生成 C4 和 C8 加合物自由基（见图 3.2）。C4 和 C5 羟基加合物自由基脱水后分别生成去质子的 G（-H·）和 G（-H·）自由基，这些自由基可以进一步被还原为对应的鸟嘌呤和腺嘌呤。[①②] G（-H·）可以获得一个质子生成鸟嘌呤自由基阳离子 G·+，鸟嘌呤自由基阳离子 G·+通过水合作用进一步生成鸟嘌呤 C8 羟基加合物自由基，C8 羟基加合物自由基失去一个电子生成 8-羟基鸟嘌呤（8-OH-G），这是 DNA 中鸟嘌呤的主要氧化产物，8-羟基鸟嘌呤（8-OH-G）通过互变异构化形成主要的 8-氧鸟嘌呤（8-oxo-G）。鸟嘌呤 C8 羟基加合物自由基还可以经历 β-消除反应导致咪唑环开环，然后得到一个电子还原为 5-甲酰胺-嘧啶（FAPy-G）。这一反应受到氧气浓度影响，在低氧条件下，更倾向于还原生成 FAPy-G，而氧气浓度的增加有利于生成 8-OH-G。腺嘌呤可以通过类似的反应途径最终生成腺嘌呤 C8 自由基加合物，然后生成 FAPy-A 或 8-OH-A。8-oxo-G 的还原电位只有 0.74V，明显低于鸟嘌呤（1.29V），因此 8-oxo-G 比鸟嘌呤更容易被氧化。8-oxo-G 的氧化可以生成 8-oxo-G 的 5-羟基加合物自由基，进一步氧化为 5-OH-8-oxo-G，5-OH-8-oxo-G 可以异构化生成亚胺乙内酰脲（Sp）和 5-胍基乙内酰脲（Gh），同时释放 CO_2，单线态氧也能氧化 8-oxo-G 生成对应的酸。

---

① Dizdaroglu, M., Jaruga, P. Mechanisms of free radical-induced damage to DNA. Free Radic. Res, 2012 (46).

② Candeias, L. P., Steenken, S., Reaction of HO with Guanine Derivatives in Aqueous Solution: Formation of Two Different Redox-Active OH-Adduct Radicals and Their Unimolecular Transformation Reactions. Properties of G (-H). Chem. Eur. J, 2000 (6).

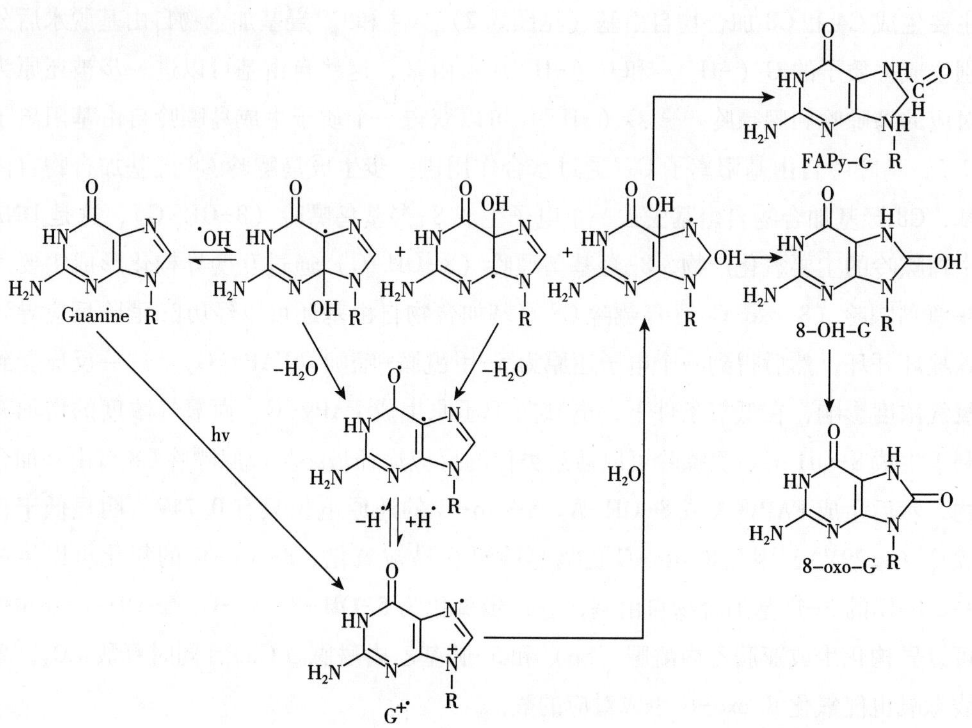

图 3.1 羟基化进攻鸟嘌呤

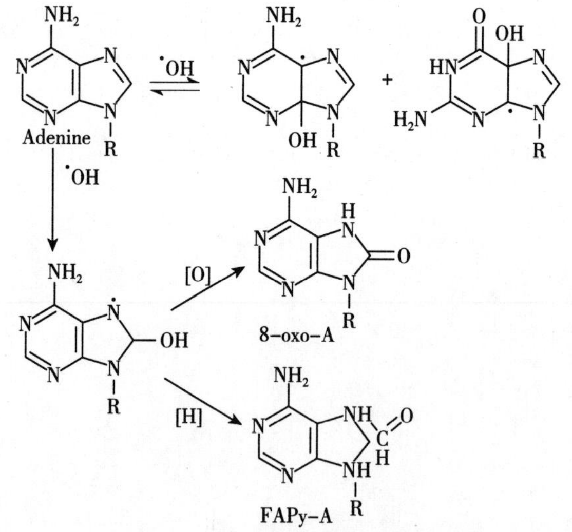

图 3.2 羟基自由基进攻腺嘌呤

3.2 嘧啶损伤

嘧啶与羟基自由基反应的途径很多（见图 3.3、图 3.4），由于 C5、C6 位置上的不饱和双键，羟基自由基会首先加成到 C5 或 C6 位置上，生成著名的氧化损伤产物胸腺嘧啶二醇。虽然 ·OH 加成到 C6 上的产物更稳定，但是加成到 C5 上需要的活化能更低，因此 ·OH 更倾向于加成到 C5 上。·OH 在双键处的加成反应是扩散控制，其反应速率常数为 4-9 ×10^{9}dm^3/mol·S。此外，羟基自由基还可以活化胸腺嘧啶碱基甲基和糖环中的 C-H，速率常数为 2 ×10^{9}dm^3/mol·S。在胞嘧啶中，·OH 加成后还能进一步促使 N4 上的氨基水解脱去，如图 3.4 所示。根据氧化和还原条件及去氨基化速率不同，·OH 加成到胞嘧啶可以生成一系列的产物，其中 5，6-2 羟基-5，6 二氢嘧啶是主要产物之一。

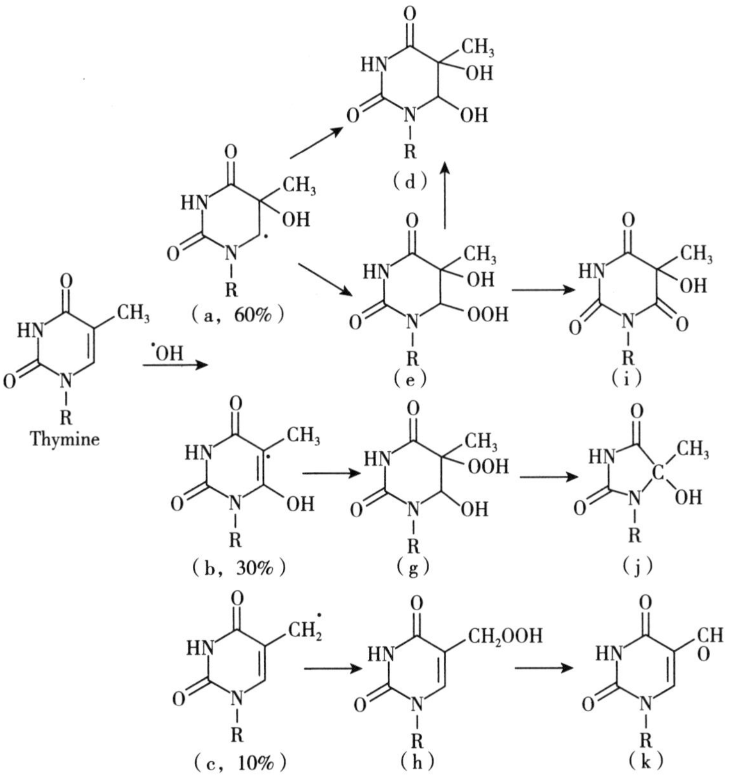

图 3.3 羟基自由基进攻胸腺嘧啶

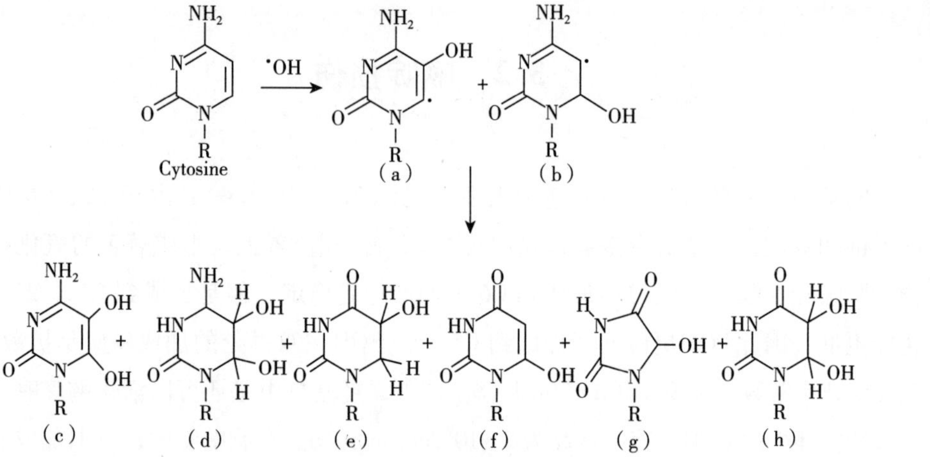

图 3.4　羟基自由基进攻胞嘧啶

尿嘧啶核苷（uridine）是 RNA 特有的核苷，在 DNA 转录时取代胸腺核苷，与腺苷配对。˙OH与尿嘧啶核苷反应主要加成到 C5、C6 位置上的不饱和双键，反应速率达到 $5.2 \times 10^9 dm^{-3} mol^{-1} s^{-1}$。在研究具体反应机理时，常用尿嘧啶（uracil）代替鸟苷，即用氢原子取代 N1 上的糖苷，反应机理大致相同。实验发现˙OH与尿嘧啶反应速率为 $5.7 \times 10^9 dm^{-3} mol^{-1} s^{-1}$，加成到 C5 及 C6 的概率比为 82%：18%。[①]

3.3　断裂和交联

许多因素能产生链的断裂，如过氧化物、巯基氧化物、某些金属离子以及 DNA 酶等。此外，电离辐射有强烈的断链作用，这是通过辐射的直接或间接作用造成的。所谓间接作用就是辐射导致体内产生高能电子和自由基，如羟基自由基（˙OH）。˙OH与糖苷主要发生抽氢反应，实验表明，˙OH抽糖环上 H 的顺序为：H5′>H4′>H3′≈H2′≈H1′，反应速率达 $10^9 dm3/mol \cdot S$。˙OH抽提氢后，生成的碳自由基进一步反应，最终导致 DNA 链断裂（见图 3.5）。˙OH还会引发链内和链间的交联，在无氧条件下，鸟嘌呤或腺嘌呤 C8 位与胸腺嘧啶的 5-CH₃ 交联，形成 Gua［8，5-Me］Thy、Ade［8，5-Me］Thy 或 Thy［5-Me，8］Gua、Thy［5-Me，8］Ade 等交联产

---

① Aydogan, B., Bolch, W. E., Swarts, S. G., Turner, J. E., Marshall, D. T. Monte carlo simulations of sitespecific radical attack to DNA bases. Radiation Res, 2008 (2).

物（见图 3.6）。①

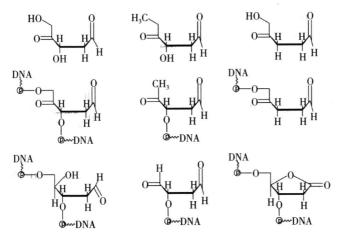

图 3.5　羟基自由基进攻糖环的主要产物

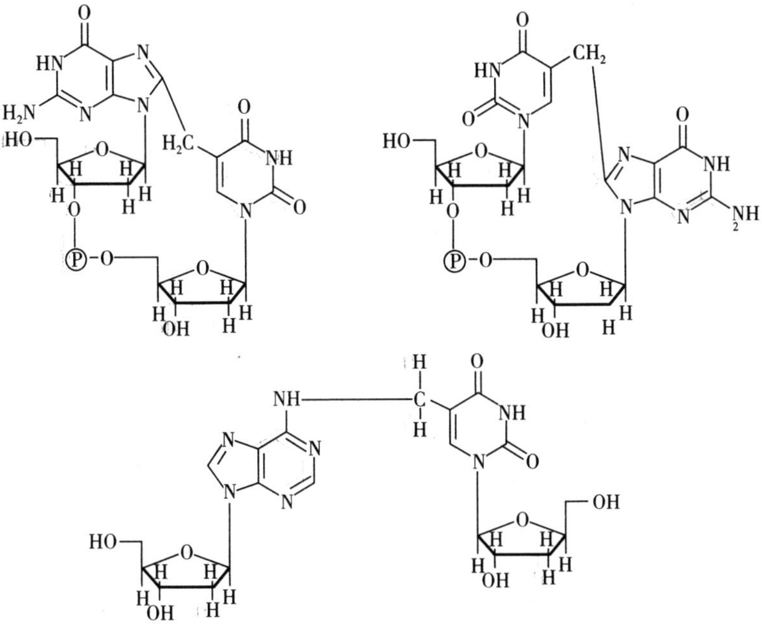

图 3.6　羟基自由基引发的交联产物

① Labet, V.; Morell, C.; Grand, A.; Cadet, J.; Cimino, P.; Barone, V., Formation of cross-linked adducts between guanine and thymine mediated by hydroxyl radical and one-electron oxidation: a theoretical study. Org. Bio. Chem, 2008 (6).

4 DNA 损伤的修复

细胞每天面临着 $10^4 \sim 10^5$ 次不同类型的 DNA 损伤，为应对这些威胁，细胞进化出一系列复杂的 DNA 修复能力来维持稳定。DNA 修复机制的发现甚至比双螺旋结构的提出更早，早在 1930 年，就有发现表明活细胞有能力从紫外线辐射的致命影响中恢复过来。但是直到 20 世纪 40 年代末，Albert Kelner 和 Renato Dulbecco 等人才首次发现光修复现象。[1][2] 1974 年，Lindahl 发现大肠杆菌中参与 DNA 修复的蛋白质——尿嘧啶-DNA 糖基化酶（UNG），这种酶通过碱基切除的方式对 DNA 进行修复，从而防止 DNA 的崩溃。2015 年诺贝尔化学奖授予瑞典科学家 Lindahl、美国科学家 Modrich 和拥有美国、土耳其双重国籍的科学家 Sancar，以表彰他们在基因修复机理研究方面所作的贡献，三位化学家分别发现了 DNA 的不同修复机制。目前已经证实，从单细胞的酵母菌到复杂的人体细胞都可以找到相应的 DNA 修复机制，这说明 DNA 修复机制高度保守。DNA 修复不仅包括直接逆转某些类型的损伤，还包括切除受损碱基等多种不同机制，称为碱基切除修复（Base excison repair，BER）、核苷酸切除修复（Nucleotide excision repair，NER）和错配修复（Mismatch repair，MMR），这三种修复机制的原理都包括剪接受损区域，插入新的碱基以填补缺口，然后再结扎碎片。此外，DNA 链的断裂修复也是 DNA 修复的一种重要机制，DNA 还有一种特殊的修复机制，能在三磷酸核苷（2'-deoxynucleoside triphosphates）被聚合酶引入 DNA 并导致突变之前修复它们。

4.1 碱基切除修复

碱基切除修复（BER）由 Lindahl 于 1974 年发现并提出。BER 主要用于修补微小

---

① Kelner, Effect of Visible Light on the Recovery of Streptomyces Griseus Conidia from Ultra-violet Irradiation Injury. Proc. Natl. Acad. Sci. U. S. A, 1949 (35).

② Dulbecco, R. Reactivation of ultra-violet-inactivated bacteriophage by visible light. DNA Repair, 1949 (163).

的碱基损伤，主要是碱基的去氨基化、氧化或甲基化等，这些损伤并不严重影响 DNA 双螺旋结构。在 BER 修复中，首先由 DNA 糖基化酶启动修复，这种酶可以识别缺失、氧化、错配等类型的碱基损伤。一些 DNA 糖基化酶同时具有 AP 裂解酶活性（称为双功能酶），通过 β-或 β-δ 消除机制水解 AP 位点的 $3'$-磷酸二酯键，产生 $3' \alpha$，β-不饱和醛和 $5'$-磷酸产物，产生无碱基位点（AP 位点）。BER 特异性的 DNA 多聚酶 β 将其重新合成并填补，最后 XRCC1/连接酶Ⅲ复合体将断开的 DNA 链密封，完成 BER 修复。BER 修复的步骤简单，但是机制复杂，与 BER 修复相关的疾病主要有 HIM 综合征（Hype r-IgM Syndrome）和 MAPI（MYH-associaled juvenile polyposis）。

4.2　核苷酸切除修复

核苷酸切除修复（NER）与 BER 不同，其识别 DNA 双螺旋结构异常，而非碱基损伤。NER 存在两种机制，即全基因组修复（Global Genome，GG）和转录耦合修复（Transcription Coupled，TC），分别负责整个基因组上的螺旋扭曲损伤和移除转录阻滞损伤。在 GG-NER 中，当 DNA 双链结构产生螺旋扭曲等较大的变化时，着色性干皮病组分 C（XPC）作为损伤的传感器与 hRAD23B、centrin2 形成复合体，持续检索 DNA 上的螺旋扭曲损伤，这一步伴随着紫外-DNA 损伤蛋白（UV-damaged-DNA binding，UV-DDB）复合体的协同帮助，一旦 XPC 与损伤区结合，Hrad23B 脱离复合体。DNA 转录过程中，当模板链的损伤阻断 RNA 聚合酶转录延伸时，RNA 聚合酶局部浓度升高，导致 TC-NER 被激活。一旦损伤被识别，GG-NER 和 TC-NER 的后续修复过程基本一致，都会将转录起始因子 ⅡH（TFIIH）复合体招募到损伤区域。首先，通过 ATP 水解在损伤区域及周围水解约 25bp 双链的 DNA 结构，形成稳定的前体复合物 Ⅰ，然后在 XPG 的作用下形成更稳定的前体复合物 Ⅱ，XPF·ERCC1 招募到损伤位点，形成不可逆的前体复合物Ⅲ。最后，XPG 从损伤链下切开 $3'$ 端，XPF·ERCC1、XPA 从损伤链上游切开 $5'$ 端，增殖细胞核抗原（proliferating cell nuclear antigen，PCNA）到达 $5'$ 端切口并招募 DNA 多聚酶 ε、δ、κ 进行 DNA 合成并填补空缺，DNA 连接酶 Ⅰ 或Ⅲ封住缺口。与 NER 修复相关的疾病主要有着色性干皮病（Xeroderma pigmentosum，XP）、可科恩综合征（Cockayne syndrome，CS）等。

4.3　错配修复

DNA 复制过程中有出错的概率，错配修复（MMR）负责对 DNA 复制过程引入的错配碱基进行修复。如 8-OH-Gua：Ade 错配，在大肠杆菌中，DNA 糖基化酶 MutY 从这种错配中切除 Ade，从而促进 8-OH-Gua 与同源碱基 Cyt 配对，然后由 BER 修复。在大肠杆菌中，错配的识别由 MutS（和 MutSb）二聚体完成，并随之征募 MutL 同源二聚体。ATP 依赖的三元复合体的形成激活与半甲基化 GATC 位点结合的 MutH 的内切酶活性。这些位点一般在腺嘌呤上甲基化，但是由于脱氧腺嘌呤甲基化酶作用稍慢，新合成的链尚未发生甲基化。MutS-MutL 激活的 MutH 利用这个时窗裁掉错配链。UvrD 解旋酶解开错误链的缺口的尾部，使得多种外切酶进入，切除展开的 DNA。一旦错配被切除，产生的缺口由 DNA 多聚酶 III 填补，并由 DNA 连接酶连上缺口。MMR 修复系统从低等到高等生物高度保守。人类细胞中存在 4 种 MutL 的同源基因：MLH1、MLH3、减数分裂后分离增强蛋白 1（post-meiotic segregation protein-1，PMS1）和 PMS2。与细菌不同的是，真核细胞中 DNA 的甲基化不导致链特异的 DNA 修复。包含错配的先导链的降解是从 3′端开始，一旦错配被移除，多聚酶会重新合成降解的区域，滞后链的 MMR 移除整个冈崎片段，两端都可以开始降解。移除冈崎片段的 RNA 末端并伴以连接就会促使连续、无错的滞后链生成。人类 MMR 缺陷，也称遗传性非息肉结肠癌（hereditary nonpolyposis colon cancer，HNPPC），该疾病遗传易感结肠癌、子宫内膜癌、卵巢癌等。

4.4　双链断裂修复

DNA 双链断裂（Double strand break，DSB）造成的损伤是哺乳动物体内最常见的。体外的电离辐射和化疗中使用的类放射性药物极易导致双链断裂损伤；体内代谢产生的活性氧簇、生理状态下 V（D）J 重排以及 DNA 复制进程中停滞或塌陷的复制叉也极易导致双链断裂损伤的产生。相对于单个核苷酸或碱基的损伤，双链断裂的危害更加严重，如不及时修复可能导致基因突变、细胞死亡和恶变等。低等真核生物主要通过同源重组（Homologous recombination，HR）方式修复双链断裂，而哺乳动物主要通过非同源末端连接（Non-homologous end joining，NHEJ）方式进行双链断裂修复。除此之外，哺乳动物也可通过微同源介导的非同源末端连接修复（Microhomology-mediated NHEJ repair，MMEJ）以及单链退火修复（Single-strand annealing repair，SSA）方式修复双链断裂。

HR 修复需要姐妹染色单体作为模板，所以 HR 仅发生在细胞分裂 S 期到 G2 期。HR 的起始是 MRN 复合体（MRE11/Rad50/NBS1 complex）识别和结合在双链断裂的区域，这个过程是 MRN 从 DNA 单链的 5′端侵入进而完成对 DNA 5′到 3′方向的加工，MRN 复合体可以作为平台招募一些蛋白质，例如，CtIP 和 BRCA1/BRCA2（breast cancer susceptibility gene，乳腺癌易感基因），完成断裂位点的加工。第二步，众多 RPA 蛋白结合到加工过的单链上，在 BRCA1/BRCA2 和 Rad51 共生同源物（XRCC1/XRCC3、Rad51B/Rad51C/Rad51D、Rad52、Rad54）的配合下，Rad51 竞争并替代 DNA 链上的 RPA 蛋白，形成存在于 Rad51 蛋白中的单链 DNA 的核蛋白丝状复合体，以碱基互补配对的方式寻找受损 DNA 姐妹染色单体中的同源序列，进行链的侵袭。最后，是 DNA 链的配对、延伸，两个 DNA 二聚体在结构特异性核酸内切酶和解离酶的作用下产生四股螺旋结构，称为 Holliday 结构，经过核酸内切酶和连接酶的处理完成修复。

NHEJ 可在任意细胞周期发挥作用，是真核生物 DSB 修复的主要方式。NHEJ 分为经典非同源末端连接（c-NHEJ）、选择性非同源末端连接（a-NHEJ）、背景非同源末端连接（backup NHEJ）和微同源末端连接（MMEJ）等。NHEJ 修复过程主要包括三步：（1）识别断裂损伤部位。当发生双链断裂，Ku70/Ku80 二聚体可以快速发现并结合于 DNA 断裂末端，招募 DNA-PKcs 至损伤位点；后者发生磷酸化并与下游蛋白相互作用，传递 DNA 修复信号；在 Ku-DNA-PKcs 复合体的作用下限制 DNA 断端。（2）多核苷酸激酶磷酸酶、DNA 聚合酶 μ、λ 等加工处理损伤的 DNA 断端，使之转变为适合连接的形式。（3）XRCC4-DNA 连接酶Ⅳ复合体在 XLF 的协助下，将经过处理的 DSB 断端重新连接。

5 单分子技术在 DNA 损伤研究中的应用

结构到功能的研究对生物学领域有着重要的意义。传统的结构解析方法是 X 光衍射和核磁共振成像（NMR）。X 光衍射（X-ray），通过高能的 X 光轰击生物大分子的晶体，可以获得电子密度的信号，从而可以构建出大分子的三维坐标，可以解析相对较大的分子构象。但是，X-ray 成像的方法有着一定的缺陷，首先是 X 光衍射需要获得大分子的晶体相当之难，同时晶体状态下的大分子构象可能并不是生物活性状态，而且该方法没办法解决更大型的分子。而 NMR 成像利用氢原子核在强磁场下的共振获得信号，可以在溶液状态下解析出分子的三维结构。但是 NMR 受限于强磁场的强度，只能解析较小的生物大分子，也限制了结构生物学的发展。DNA 修复通常是由一系列修复因子共同完成的，相关的动力学特性及复合物的调控和协作机制仍存在许多问题。单分子成像技术的出现，使得研究人员可以对 DNA 的修复过程进行动态观测，对中间体进行实时鉴别，给结构生物学的发展带来了跨越式的进展。[①]

5.1 单细胞凝胶电泳分析

单细胞凝胶电泳分析（single cell gel electrophoresis，SCGE）是 Ostling 等（1984）首创的，以后经 Singh 等（1988）进一步完善而逐渐发展起来的一种快速检测单细胞 DNA 损伤的实验技术。SCGE 是目前细胞水平显示与评价 DNA 毒性与损害的一个非常敏感的检测技术，其特点是在一块经过琼脂糖包被（coating）玻璃片上，将实验细胞与低熔点琼脂糖混匀后，再"涂布"在其上面，此后再经细胞裂解，DNA 解旋，将断裂的 DNA 片段在电场中"泳动"向阳极（anode），再经过中和，荧光染

---

① 于婵婵，姚立.生物单分子力谱技术的研究进展.化学通报，2016（4）.

色，在荧光显微镜下可见一呈彗星状图像，因其细胞电泳形状颇似彗星，又称为彗星试验（cometassay）。造成细胞 DNA 断裂的原因比较复杂。其中，化学介质，如活性氧（Reactive oxygen species，ROS）是极其重要的因素。一般来说，细胞在氧自由基作用下，细胞内的 DNA 直接受到损伤，引起高级结构的变化，致使其超螺旋结构松散。当细胞经过原位裂解（主要是细胞膜和核膜的裂解），DNA 发生解旋，致使损伤的 DNA 片段在直流电场中从核中移出，向阳极迁移，并呈彗星状分布。而无损伤的细胞仍然保持球形状的 DNA 细胞核。迁移出的 DNA 片段越多，表示细胞受到的损伤越严重。单细胞凝胶电泳技术的特点是：快速、灵敏、经济、简单。经过对实验组、对照组细胞样本检测到的单个细胞核的核头以及"彗星"状核尾的图像测量与统计学分析，可以比较出实验组、对照组甄检到的数据所隐含的信息。单细胞凝胶电泳已被广泛地接受作为一个标准的实验技术来评价单个细胞的 DNA 的损伤，在人类生物学监测、基因毒理学、生态学监测、DNA 的损伤与修复等领域有着广泛的应用。

5.2　荧光探针与标记方法

荧光蛋白是生物成像中应用最广泛的一类荧光标记物，荧光蛋白基因编码可以通过基因工程方便地将荧光蛋白与目标蛋白融合表达，实现对目标蛋白特异性的标记。从最早发现的绿色荧光蛋白，到目前已发展出的一系列具有不同发射波长的荧光蛋白，均为实现多色荧光成像提供了重要工具。基于纳米孔的单分子测序技术通过监控 DNA 合成过程中荧光标记核苷酸，检测 DNA 损伤和错配。电子显微镜（EM）和原子力显微镜（AFM），可以通过直接或间接特异性结合损伤位点的 DNA 修复蛋白来显示 DNA 构象和损伤。在活细胞中，由于噬菌体蛋白与断裂 DNA 的结合，双链断裂（DSB）可以用融合荧光蛋白的噬菌体蛋白标记。借助荧光显微镜直接观察活细胞的 DNA 修复蛋白，可以反映细胞内损伤位点的丰度和位置，如单链 DNA（ssDNA）缺口、UV 损伤和双链断裂。Elez 等利用荧光显微镜观测融合荧光蛋白的 DNA 错配修复蛋白 MutL，发现荧光蛋白的频率与突变的频率存在线性关系，说明该技术可以作为定量检测细胞内基因突变的手段。

5.3 荧光共振能量转移

如果一个荧光分子（供体分子）的发射光谱与另一个荧光分子（受体分子）的吸收光谱有一定的重叠，当这两个分子的距离足够近（通常为 1～10nm）的时候，供体的荧光能量可以向受体转移，表现为受体的荧光增强，同时供体自身的荧光衰减。这就是荧光共振能量转移（FRET）。FRET 程度与供、受体分子的空间距离紧密相关，随着距离延长，FRET 显著减弱。而 FRET 速率与两个分子间的距离成正比。利用这种供体和受体分子之间非辐射能量转移的原理，FRET 可以作为"光谱标尺"，用来确定两个荧光分子的接近程度。Oesterhelt 等人成功利用 FRET 对损伤诱导的 DNA 弯曲进行检测，Wilhelmsson 等利用 FRET 研究 Z-DNA 与 B-DNA 和 A-DNA 的转变，并得到转变的速率常数。

5.4 原子力显微镜

原子力显微镜（AFM）是在扫描隧道显微镜（STM）基础上发展而来的，主要是通过量子隧道效应而得到 10^{-10} m 分辨率的非导体表面成像图，最早用于材料的表征。随着 AFM 的普及和发展，其不仅可以用于成像，还可以在单分子水平上操纵分子，测量分子间相互作用力，分辨率在 pN 量级。AFM 的基本原理是：将一个对微弱力极敏感的微悬臂一端固定，另一端有一微小的针尖，针尖与样品表面轻轻接触，由于针尖尖端原子与样品表面原子间存在极微弱的排斥力，通过在扫描时控制这种力的恒定，带有针尖的微悬臂将对应于针尖与样品表面原子间作用力的等位面而在垂直于样品的表面方向起伏运动。利用光学检测法或隧道电流检测法，可测得微悬臂对应于扫描各点的位置变化，从而可以获得样品表面形貌的信息。Kim 等基于 AFM 进行 DNA 测序。首先将 DNA 聚合酶修饰在探针上，聚合酶与待测 DNA 连接，待测碱基位于聚合酶活性位点上，然后将四种核苷分别固定在不同区域的玻璃表面上，探针靠近核苷酸，测量聚合酶与碱基的相互作用。当碱基与聚合酶活性位点上碱基互补配对时，形成三配合复杂结构，探针回退过程中产生键的断裂，根据力拉伸曲线判定碱基种类。

5.5　全内反射荧光显微镜

全内反射荧光显微镜（TIRF）是单分子荧光成像最常用的方法之一，被用于研究肌动蛋白和肌球蛋白转运动力学以及分子扩散等。简单来说，TIRF 是利用光线全反射后在介质另一面产生衰逝波的特性，使用特定角度的激发光，令所有的光都被反射。这样在全反射区域的另一面就会产生衰逝波，对样本表面的极薄区域（通常在 200nm 以下）进行照明。由于衰逝波是呈指数衰减的，只有极靠近全反射面的样本区域会被激发，从而大大降低了背景噪声，提高了信噪比。TIRF 广泛应用于对细胞表面物质的动态观察，如固定在盖玻片或细胞膜表面上的分子等。Liu 等利用单分子 TIRF 技术，通过荧光标记的 MutS（大肠杆菌错配修复蛋白）、MutL，实时观测 MutS 募集 MutL 的错配修复动态过程。Bell 等利用单分子 TIRF 技术，通过缓冲液流拉伸一端固定的 ssDNA 分子，实时观测荧光标记的 SSB 组装到 ssDNA 的过程。

5.6　单分子磁镊

单分子磁镊技术（SMMT）通过磁场控制超顺磁珠小球对单分子施加机械力，并使用显微成像追踪磁珠小球，获得磁珠小球的三维位置信息，拟合单分子产生的机械形变。作为一项成熟的单分子技术，磁镊有其稳定性好、对样品无热或光损伤、可测量时间长、装置简洁等特性。单分子磁镊可以操纵和旋转 $0.5 \sim 5 \mu m$ 大小的磁球，施加大于 1nN 的力。单分子磁镊常用来研究核酸酶，特别是 DNA 拓扑异构酶和分子马达 F_0F_1ATP 酶，用来测量 DNA 的弹性、蛋白质的折叠动力学以及研究 DNA 与蛋白质相互作用，例如，DNA 拓扑异构酶、RNA/DNA 聚合酶、位移酶等。Li 等使用单分子磁镊研究端粒 G-四链体结构的折叠动力学，通过精确调节施加在 G-四链体上的拉力，在 $26 \sim 39pN$ 可以观察 G-四链体与 G-三链体之间的可逆转化过程，从而证明 G-四链体结构在解折叠过程中需经过 G-三链体中间过渡态。Howan 等利用单分子磁镊技术对 DNA 施加外力，解析了一系列 TCR（转录耦合 DNA 修复）修复起始阶段的动力学反应过程。

6 分子动力学模拟在 DNA 损伤研究中的应用

由于技术的限制，目前还不能完全依靠实验手段来研究 DNA 损伤。而理论研究的方法可以直接捕捉 DNA 的结构信息并间评估自由能变化，以获取实验无法获得的信息并解释实验或提出预测。目前，分子动力学（molecular dynamics，MD）模拟和量子化学计算已被广泛用于研究修饰 DNA 的结构和性质，包括含有突变的双链体、氧化损伤的双链体、含有错配、表观遗传修饰或不同类型的共价变化，例如，鸟嘌呤氧化或脱氨基等对 DNA 性质和修复机制影响的研究，以及关于 DNA 错配或 DNA 损伤的研究。MD 还广泛被用于研究 DNA 的不同形式，例如，Cleri 及其同事利用 MD 研究了 i-DNA，来自不同研究人员的一系列工作探索了 G-四链体，此外近来还有非常广泛的关于多种 DNA 结构（包括三链体、四链体、平行 DNA、DNA 开关、DNA 纳米管等）的模拟报道。MD 还被广泛应用到 DNA 复合物的研究，包括药物分子与 DNA 复合物、纳米材料与 DNA 复合物、蛋白质与 DNA 复合物等。

6.1 分子动力学

6.1.1 分子动力学简介

分子动力学模拟是以分子或分子体系的经典力学模型为基础，通过数值求解分子体系经典力学运动方程的方法得到体系的轨迹，并统计体系的结构特征与性质（MD）。1957 年 Alder 和 Wainwright 实现了第一次 MD 模拟，研究了从 32 个到 500 个刚性小球分子系统的运动。[①] 自诞生以来，分子动力学模拟不断发展和完善，已经成为继实验与理论手段后，从分子水平了解和认识世界的第三种重要手段。1976

---

① Alder, B. J., Wainwright, T. E., Phase Transition for a Hard Sphere System. J. Chem. Phys, 1957（27）.

年，分子模拟第一次应用到复杂的蛋白质体系，近年来，随着计算机的快速发展，分子动力学模拟依靠其在微观水平上精确的控制性以及操作性，在研究蛋白质、DNA 大分子动态行为，生物分子发挥生理功能的作用机制，小分子与潜在靶点的识别，离子运输，酶催化反应机理等方面发挥着越来越重要的作用，可以说分子动力学模拟已经广泛应用到了生物、物理、化学、材料等领域。

6.1.1.1　分子动力学模拟软件

常见的分子动力学模拟软件有 CHARMM、NAMD、GROMACS、AMBER、MS、LAMMPS 等，在生物体系中应用最广泛的是 NAMD、GROMACS、AMBER。其中，NAMD（Nanoscale Molecular Dynamics）由伊利诺伊大学香槟分校的 Klaus Schulten 教授领导的理论与计算生物物理（TCBG）研究组为高效模拟大生物分子体系而开发的并行分子动力学计算代码，它最大可用 200000 个核进行计算，支持 AMBER、CHARMM 等力场，通过数值求解运动方程计算原子轨迹。本书的研究全部使用 NAMD 程序。[①]

6.1.1.2　分子力场的种类

根据量子力学的波恩-奥本海默近似，一个分子的能量可近似看作构成分子的各原子的空间坐标的函数，简单地讲，就是分子的能量随分子构型的变化而变化，而描述这种分子能量和分子结构之间的关系就是分子力场函数。分子力场函数是来自实验结果的经验公式。一个力场通常包括三部分：原子类型、势函数和力场参数。其中最著名的势函数是 Lenard-Jones：

$$V_{LJ}(rj) = 4\varepsilon \left[\left(\frac{\sigma}{r_{ij}} \right)^{12} - \left(\frac{\sigma}{r_{ij}} \right)^{6} \right] \tag{6.1}$$

根据使用的模型不同，分子力场可以分为全原子力场（all-atom force fields）、联合原子力场（united-atom force fields）、粗粒度力场（coarse-grained force fields）和反应性分子力场（reactive force fields），不同的力场中使用的原子类型、势函数和力场参数也不相同。其中，全原子力场中体系的力点与分子中全部原子一一对应，质量集中在原子核上，因此是一种精确的模型。在联合原子力场中，与碳相连的氢原子的相对质量被分配到碳原子上，形成一个联合原子的整体，同时其他原子对氢原子的作用也被施加到联合原子上，这大大减少了力点。为了有效地模拟更大、更复杂的体系，粗粒化力场对体系进行了进一步简化。例如，把苯环及与其相连的氢

① Phillips, J. C., Braun, R., Wang, W., Gumbart, J., Tajkhorshid, E., Villa, E., Chipot, C., Skeel, R. D., Kale, L., Schulten, K. Scalable molecular dynamics with NAMD. J. Comput. Chem, 2005 (26).

原子作为一个整体力点，甚至把若干个水分子作为一个整体力点，通过这样的简化，粗粒化力场可以模拟上百万个原子的体系。以上三种力场键相互作用采用谐振子形式或添加非谐项的谐振子形式，这样的模型不允许化学键的断裂。为了研究化学反应，反应分子力场被引入，反应分子力场的核心是键级相关势函数，它允许化学键的断裂和生成。

生物和医药领域是 MD 模拟应用最广泛和重要的领域，许多研究者把开发生物分子的力场作为主要研究方向，目前主要有 CHARMM、AMBER 和 OPLS 三种专门针对生物分子的力场。其中，CHARMM、AMBER 是全原子力场，CHARMM 力场由哈佛大学的 Martin Karplus 研究组开发，其参数除来自计算结果和实验值的比对外，还用了大量的量子力学计算结果。2012 年，在 CHARMM 27 力场的基础上，MacKerell 等人改进了磷酸骨架扭转角、糖环褶皱等有关参数，提出了 CHARMM 36 力场，新的力场更好地平衡了 DNA 的 B Ⅰ和 B Ⅱ两种构象。[1] 2013 年，Martin Karpus 由于在复杂多尺度化学模型方面的贡献获得了诺贝尔化学奖。2016 年，MacKerell 进一步提出了应用于蛋白领域的 CHARMM 36m 力场，[2] CHARMM 36 和 CHARMM 36m 在核酸和蛋白领域得到了广泛的应用。AMBER 力场由美国加州大学的 Peter Kollman group1984 年开发，其参数全部来自计算结果和实验值的比对。OPLS 包括全原子力场 OPLS-AA 和联合原子力场 OPLS-UA 两套参数。虽然不同的力场中的具体参数不同，但其基本组成形式一致。均由键长、键角、二面角、静电相互作用及范德华相互作用组成，例如，CHARMM 36 力场其体系的总势能表示为：

$$U(r) = U_{bonded} + U_{nobonded} \tag{6.2}$$

$$U_{bonded} = U_{bonds} + U_{angels} + U_{dihedrals} + U_{\substack{improper \\ dihedrals}} + U_{Urey-Bradley}$$

$$= \sum_{bonds} K_b(b - b_0)^2 + \sum_{angles} K_\theta(\theta - \theta_0)^2 + \sum_{dihedrals} K_\varphi(1 + cos(n\varphi - \delta)) \tag{6.3}$$

$$+ \sum_{\substack{improper \\ dihedrals}} K_\phi(\emptyset - \emptyset_0)^2 + \sum_{Urey-bradley} K_{UB}(r_{1,3} - r_{1,3;0})^2$$

$$U_{nonbonded} = U_{el} + U_{vdw} = \sum_{el} \frac{q_i q_j}{4\pi D r_{ij}} + \sum_{vdw} \varepsilon_{ij} \left[\left(\frac{R_{min,ij}}{r_{ij}} \right)^{12} + 2 \left(\frac{R_{min,ij}}{r_{ij}} \right)^6 \right] \tag{6.4}$$

① Hart, K., Foloppe, N., Baker, C. M., Denning, E. J., Nilsson, L., Mackerell, A. D. Jr. Optimization of the CHARMM additive force field for DNA: Improved treatment of the BI/BII conformational equilibrium. J. Chem. Theory Comput, 2012 (8).

② Huang, J., Rauscher, S., Nawrocki, G., Ran, T., Feig, M., de Groot, B. L., Grubmuller, H., MacKerell, A. D. Jr., CHARMM36m: an improved force field for folded and intrinsically disordered protein. Nat. Methods, 2017 (14).

其中，$r_{1,3}$ 代表 1~3 原子之间的距离，$r_{1,3;0}$ 代表 1~3 原子间的参考距离；K_{UB} 为 Urey-Bradley 力常数。与 OPLS-AA 力场相比，CHARMM 力场引入了 Urey-Bradley 相互作用势，以弥补键角弯曲势的不足。此外，CHARMM 力场引入了赝扭曲势 $\sum\limits_{\substack{improper \\ dihedrals}} K_\phi (\phi - \phi_0)^2$。而 AMBER 力场总势能表示为：

$$
\begin{aligned}
U(r) &= U_{bonds} + U_{angles} + U_{dihedrals} + U_{el} + U_{vdw} \\
&= \sum_{bonds} \frac{k}{2}(b - b_0)^2 + \sum_{angles} \frac{k}{2}(\theta - \theta_{eq})^2 \\
&+ \sum_{dihedrals} \frac{V_n}{2}(1 + cos(n\varphi - \gamma)) \\
&+ \sum_{i<j} \left\{ 4\varepsilon_{ij} \left[\left(\frac{\sigma_{ij}}{r_{ij}} \right)^{12} - \left(\frac{\sigma_{ij}}{r_{ij}} \right)^6 \right] + \frac{q_i q_j}{4\pi\varepsilon_0 r_{ij}} \right\}
\end{aligned} \tag{6.5}
$$

6.1.1.3 分子动力学模拟在 DNA 领域的应用

通过模拟的方法可以直接捕捉 DNA 的结构信息并间接地评估自由能变化，以获取实验无法获得的信息并解释实验或提出预测。由于在许多的情况下，DNA 的电子自由度可以忽略，分子可以表示为一组原子，其相互作用由简单的经典表达式近似，这种严格的简化使计算速度大大加快。

6.1.2 分子动力学模拟的基本原理

6.1.2.1 分子体系的运动方程（牛顿第二定律）

由于原子核集中了原子的主要质量，分子中各个原子可以近似看成相应原子核位置的一组质点。因此，从经典力学角度来看，分子体系是由一组符合牛顿运动规律的原子组成的力学体系。对于有 i 个原子的分子体系（$i = 1, 2, \cdots, N$），根据牛顿第二定律，其运动方程可写为：

$$
\begin{cases}
f_{i,x} = m_i \dfrac{d^2 x_i}{dt^2} = m_i \ddot{x}_i \\[2mm]
f_{i,y} = m_i \dfrac{d^2 y_i}{dt^2} = m_i \ddot{y}_i \\[2mm]
f_{i,z} = m_i \dfrac{d^2 z_i}{dt^2} = m_i \ddot{z}_i
\end{cases} \tag{6.6}
$$

$f_{i,x}$，$f_{i,y}$，$f_{i,z}$ 分别代表作用在原子 i 上的力在 x，y，z 方向上的分量，上式也可以用矢量表示为：

$$f_i = m_i \frac{d^2 r_i}{dt^2} = m_i \ddot{r}_i \tag{6.7}$$

则原子 i 的加速度为：

$$\vec{a}_i = \frac{\vec{f}_i}{\vec{m}_i} \tag{6.8}$$

将上式对时间积分，可以预测 i 原子经过时间 t 后的速度和相应的位置。

不管是分子间相互作用，还是分子内相互作用，体系的总能量守恒，其哈密顿函数为：

$$H = K + u \tag{6.9}$$

其中，K 为体系的总动能，u 为总势能，仅与质心的坐标位置有关。

$$K = \frac{1}{2} \sum_{i=1}^{N} m_i (\dot{x}_i^2 + \dot{y}_i^2 + \dot{z}_i^2) \tag{6.10}$$

$$u = u(x_1, y_1, z_1 \cdots x_j, y_j, z_j, \cdots x_n, y_n, z_n) \tag{6.11}$$

其中，$(\dot{x}_i + \dot{y}_i + \dot{z}_i)$ 为原子 i 的位置对时间的一阶导数，也就是速度。只要确定了体系的哈密顿函数，就可以确定系统的性质及演化规律。哈密顿函数可以写成：

$$H = \sum_{i=1}^{N} \frac{1}{2m_i} (p_{i,x}^2 + p_{i,y}^2 + p_{i,z}^2) + u(x_1, y_1, z_1 \cdots x_j, y_j, z_j, \cdots x_n, y_n, z_n) \tag{6.12}$$

其中，$p_{i,x}$，$p_{i,y}$，$p_{i,z}$ 为动量。

描述一个自由度为 f 的体系中粒子的位置和运动状态，可用 f 个广义坐标表示，以对应 f 个广义动量表示运动状态。如果 f 的广义坐标构成广义坐标矢量 $q = (q_1, q_2, q_3, \cdots, q_i, \cdots, q_f)$，$f$ 个广义动量构成广义动量矢量 $p = (p_1, p_2, p_3, \cdots, p_i, \cdots, p_f)$，体系的总势能 u 可以写成：

$$u = u(q_1, q_2, q_3, \cdots q_i, \cdots q_f) \tag{6.13}$$

总动能 K 可以写成：

$$K = \sum_{i=1}^{f} \sum_{i=1}^{f} a_{ij} p_i p_j \tag{6.14}$$

利用哈密顿函数，可以写出系统的运动方程及哈密顿方程：

$$\begin{cases} \dfrac{\partial H}{\partial q_i} = -\dot{p}_i \\[2mm] \dfrac{\partial H}{\partial p_i} = -\dot{q}_i \end{cases} \tag{6.15}$$

其中 $i=1$，2，…，f。哈密顿方程由 $2f$ 个一阶微分方程组成，而牛顿方程由 $3N$ 个二阶微分方程组成，因此求解哈密顿方程比求解牛顿方程要简单得多。同时，由于用广义坐标代替了质心坐标、欧拉角和分子内坐标，哈密顿方程既可以处理不受约束的力学体系，也可以处理受约束的力学体系。

6.1.2.2　分子体系的运动方程的数值解

分子动力学是一种确定性方法，这意味着体系任何时刻的态能够基于目前的态预测出来。在对真实体系的模拟中，分子间的相互作用以及每个粒子所受的力都会随着任一粒子位置的变化而变化。在连续势作用下，所有粒子的运动耦合在一起，产生一个无法解析的多体问题。这种情况下，体系的分子运动方程需要采用有限差分方法求解。有限差分方法通常用于在连续势下产生分子动力学轨迹。其核心思想是：积分被分解为许多步，每一步时间间隔为 Δt，粒子加速度可以由所受的力确定，根据粒子当前的位置及速度就可以计算出粒子在 $t+\Delta t$ 时刻的位置及速度。利用有限差分思想，有很多算法可以求解运动方程，常见的如 Euler 算法、Verlet 算法、蛙跳法（leap-frog）、速度（velocity）Verlet 算法等。其中最常用的是 Verlet 算法。

$$\begin{cases} r_i(t_0 + \Delta t) = 2r_i(t_0) - r_i(t_0 - \Delta t) + (\Delta t^2/m_i)f_i(t_0) \\ v_i(t_0) = (r_i(t_0 + \Delta t)) - \dfrac{r_i(t_0 - \Delta t)}{2\Delta t} \end{cases} \tag{6.16}$$

Verlet 算法利用 t_0 时刻的位置和加速度以及 $(t_0 - \Delta t)$ 时刻的位置，计算 $(t_0 + \Delta t)$ 时刻的位置 $r_i(t_0 + \Delta t)$，然后再由两个时刻的位置得到 t_0 时刻的速度 $v_i(t_0)$，也就是说 Verlet 是两步差分法。Verlet 计算位置的精度为四阶，但是计算速度的精度只有两阶。

基于 Verlet 算法，蛙跳算法由 $(t_0 - \Delta t/2)$ 时刻的速度和 t_0 时刻的加速度，计算得到 $(t_0 + \Delta t/2)$ 时刻的速度，然后由 t_0 时刻的位置和 $(t_0 + \Delta t/2)$ 时刻的速度，计算 $(t_0 + \Delta t)$ 时刻的位置。这种算法跳过了 t_0 时刻速度的计算，公式如下：

$$\begin{cases} r_i(t_0 + \Delta t) = r_i(t_0) + \Delta t v_i(t_0 + \Delta t/2) \\ v_i(t_0 + \Delta t/2) = v_i(t_0 - \Delta t/2) + \Delta t(f_i(t_0)/m_i) \end{cases} \tag{6.17}$$

蛙跳算法不必计算两个大数的差值，计算速度和位置的精度都为四阶，缺点是位置和速度的计算是不同步的，不能在同一时刻分别按照速度和位置计算动能和势能。

6.1.3　自由能计算

MD 可以直接获得分子的构象信息并间接获得自由能信息。传统的分子动力学通过对模拟轨迹进行统计，计算不同状态的自由能差。例如，在温度为 T 时，分子从状态 0 到达状态 1，0 和 1 在模拟轨迹中出现的概率分别为 P_0 和 P_1，则：

$$\Delta G = G_1 - G_0 = -k_B T ln \frac{P_1}{P_0} \tag{6.18}$$

然而，MD 在模拟中一般只能克服约 10kcal mol^{-1} 的自由能垒，因此如果两个状态之间的转化需要克服的能垒较高时，在传统的分子动力学中是很难观察到的。为了解决这一问题，人们提出了许多增强性取样方法。广义系综（Generalized-ensemble）和重要性抽样（importance-sampling schemes）构成两类增强抽样算法。广义系综模拟主要有副本交换法（REMD）、加速分子动力学（aMD）和温度积分抽样（ITS），它们通过引入辅助权重因子实现构型空间中的采样，不需要反应坐标。而在重要抽样算法中，选取某个或几个几何变量作为反应坐标进行采样。伞形采样（US），自由能微扰（FEP），热力学积分（TI），元动力学（MtD）和自适应偏置势（ABF）是常用的重要抽样算法。

US 方法最初由 Torrie 和 Valleau 提出，为了解决采样空间无法遍历各态的问题，它把反应坐标切割为数个窗口，并在每个窗口内添加偏置势，得到第 i 个窗口内的无偏自由能：

$$A_{i,u}(z) = -k_B T ln P_{i,b}(z) - w_i(z) + c_i \tag{6.19}$$

其中，z 为反应坐标，w_i 为第 i 个窗口的偏置势，$P_{i,b}$ 为采样得到的概率，c_i 是常数。US 方法需要人工调节偏置势的高低，并且最终的结果依赖后处理方法，甲醛直方图分析法（WHAM）是常见的后处理方法。

FEP 方法由 Zwanzig 提出，它的基本思路是通过引入耦合变量 λ，从已知态出发，经过一系列微小变化的中间态达到最终态，体系的自由能差：

$$\Delta A = A_1 - A_0 = -k_B T ln < exp \frac{-(E_1 - E_0)}{kT} > \tag{6.20}$$

$$E(\lambda_i) = E_0 \lambda_i + E_2(1 - \lambda_i) \tag{6.21}$$

TI 方法由 Kirwood 提出，它也是通过不断改变耦合变量 λ，得到一系列中间态，通过对中间态反复取样最终得到自由能数据：

$$\Delta A = \int_{\lambda=0}^{\lambda=1} < \frac{\partial H}{\partial \lambda} >_\lambda d\lambda \tag{6.22}$$

MtD 方法由 Parrinello 提出，它通过一定频率向体系添加偏置势，对反应路径上的低自由能区域持续添加偏置势，不断地促使反应路径向高自由能区域移动。自由能的计算如下：

$$A(z) = -\Delta V(z, t) + C \tag{6.23}$$

其中，C 为常数，$\Delta V(z_t, t)$ 是偏置势，在时刻为 t 时其数学表达形式如下：

$$\Delta V(z_t, t) = w \sum_{t0} exp\left[-\sum_{i=1}^{n} \frac{(z_{i, t} - z_{i, t0})^2}{2\sigma_{z_i}^2} \right] \tag{6.24}$$

其中 $z_{i, t}$ 为 i 时刻反应坐标第 i 维的值，w 为高斯峰的宽度，σ_z 为控制高斯峰半高宽的变量，t_0 为正比于加峰频率 τ 的时间序列。

ABF 方法基于 TI 方法，自由能是基于一组变量的函数：

$$A(\xi) = -\frac{1}{\beta} ln\rho(\xi) + A_0 \tag{6.25}$$

在 TI 中，自由能是从梯度中获得的，梯度通常以施加在 ξ 上的平均力 F_ξ：

$$\nabla_\xi A(\xi) = < -F_\xi >_\xi \tag{6.26}$$

$$v_i \cdot \nabla_x \xi_j = \delta_{ij} \tag{6.27}$$

$$v_i \cdot \nabla_x \xi_k = 0 \tag{6.28}$$

因此，

$$F_i(\xi) = -\nabla_x U \cdot v_i + k_B T \nabla \cdot v_i \tag{6.29}$$

由于 ABF 计算的是平均力，ABF 计算的自由能计算结果会随着时间增长而逐渐收敛。然而，ABF 方法在计算平均力时要求各变量相互正交，但在计算多维反应坐标或某些由变量线性组合而成的一维反应坐标对应的自由能时各变量常常存在耦合，因此使反应坐标的实现变得比较困难。eABF 改进了 ABF 的一些不足，并表现出更快的收敛速度。

Fu Haohao 等人在 2018 年提出了 meta-eABF 方法，meta-eABF 将 MtD 和 eABF 的优势结合起来，克服了它们各自的缺点。[1][2] 与普通 eABF 和 MtD 相比，采样效率和收敛速度有了很大提高。meta-eABF 的理论基础可总结如下：在 eABF 中，虚拟粒子通过刚性弹簧与粗变量耦合，粒子的偏移取决于平均弹簧力：

$$F_{bias}(\xi') = < K(\xi' - \xi) >_{\Xi'} = K(\xi' - < \xi >_{\Xi'}) \tag{6.30}$$

其中，K 是力常数，ξ 是真实的向量，ξ' 是扩展向量，Ξ' 表示虚拟离子的约束系统，把 MtD 的自由能记忆合并得到 eABF 偏置力中，所以：

① Fu, H., Zhang, H., Chen, H., Shao, X., Chipot, C., Cai, W. Zooming across the Free-Energy Landscape: Shaving Barriers, and Flooding Valleys. J. Phys. Chem. Lett, 2018 (9).

② Fu, H., Shao, X., Chipot, C., Cai, W. Extended Adaptive Biasing Force Algorithm. An On-the-Fly Implementation for Accurate Free-Energy Calculations. J. Chem. Theory Comput, 2016 (12).

$$F_{bias}(\xi') = F_{bias, eABF}(\xi') + F_{bias, MtD}(\xi') = K(\xi' - <\xi>_{\Xi'} + \frac{dU_{MtD}(\xi', t)}{d\xi'}$$

$$(6.31)$$

$$\Delta A' = \Delta A'_{eABF} + \Delta A'_{MtD} \qquad (6.32)$$

eABF 算法对扩展的自由能表面减去 MtD 高斯分布之和进行采样，而 MtD 算法探索扩展的 PMF 减去 eABF 偏差。与 extend-Lagrangian-based metadynamics（eMtD）不同，在 meta-eABF 模拟中分别添加了基于 MtD 和 eABF 的高斯峰和平均力偏差。使用与 eMtD 模拟相同的标准合并了类似 MtD 的高斯峰，而自由能表面上的 eABF 平均力等于 $\Delta A' - A'_{MtD}$，其中 $\Delta A'$ 是原始扩展自由能，而 $\Delta A'_{MtD}$ 来自 MtD。结合使用伞式积分（umbrella intergration-based）或 CZAR 估计器来计算自由能梯度，meta-eABF 表现出了很好的收敛性。

6.2　马尔可夫模型

自分子动力学诞生以来，取样问题一直是该领域的重要挑战。常规的分子动力学模拟很难观察到一些重要的变化，而增强性取样方法会导致一些重要的动力学信息丢失。马尔科夫模型（Markove state models，MSMs）可基于较短时间的模拟来预测长时间尺度范围内的动力学过程，它可以不需要事先定义反应坐标，从而避免了对整个动力学性质的简化或者偏差。同时，其不必假设全局平衡，而是假设 MD 在每个微观状态为局部平衡，因此可以选取沿着变化的不同初始构象作为起点进行短的模拟，然后组合这些轨迹，MSMs 对观察到的状态进行成簇聚类，然后构建动力学矩阵，分析系统的热力学和动力学信息。MSMs 和相关技术已成功用于揭示复杂分子过程的热力学和动力学，如蛋白质折叠、蛋白质-配体结合、肽动力学、蛋白质构象变化、自组装和 DNA 碱基翻转等。

6.2.1　马尔科夫模型的估计

马尔可夫模型是基于状态间交换的离散时间模型，即将来状态仅与当前状态有关而与过去状态无关，可用以下方程表示：

$$P(n\Delta t) = [T(\Delta t)]^n P(0) \qquad (6.33)$$

其中，$P(0)$ 是时刻为 0 时的状态概率分布，$P(n\Delta t)$ 是时刻为 Δt 时的状态概率分布，T 表示模型转移概率矩阵，通过求解 T 的本征函数，可以计算每个状态的稳态分布和每个状态到状态转变的动力学信息。此外，可以使用以下等式计算隐含的时间尺度：

$$\tau_k = - \frac{\tau}{ln\mu_k(\tau)} \tag{6.34}$$

其中，τ 是构建 TPM（transition probability matrix）模型的迟滞时间，μ_k 是 T 的第 k 的特征值，可以根据不同的迟滞时间 τ 绘制隐含的时间刻度曲线，然后根据曲线确定马尔科夫模型时间。两组构象之间的过渡时间可以很容易地从隐含的时间尺度曲线中推导出来，从而可以估计最慢过渡的时间尺度。

6.2.2　马尔科夫动力学模型的验证

马尔科夫的动力学模型是全相空间动力学的近似，因此具有非零系统误差。例如，对十一个模拟，我们在构象 A 中开始大量的长模拟，并且测量每个模拟达到构象 B 所需的时间，以获得平均过渡时间。或者，我们从大量模拟数据（短模拟或长模拟）构建 MSMs，并直接从该模型计算平均首次通过时间。虽然后一种方法有许多优点，但是其估计值可能有一个小但系统性的误差。这种系统误差在大数据范围内不会消失。它取决于使用的模型类型、状态空间离散化和迟滞时间 τ。因此，在使用任何动力学模型进行分析之前要对其进行验证。当以迟滞时间 τ 估计的模型能够在统计误差范围内预测在较长时间尺度 $k\tau$ 下进行的估计时，模型验证被认为是成功的。验证 MSMs 的标准方法是 Chapman-Kolmogorov 方程：

$$P(k\tau) = P^k(\tau) \tag{6.35}$$

我们通过评估方程两侧在其统计误差范围内是否相等来测试系统误差是否可接受，这适合于 MSMs 和 HMSMs：

$$f[M(k\tau)] = \tilde{f}^{(k)}[M(\tau)] \tag{6.36}$$

其中 $f[M(k\tau)]$ 是模型的估计值，$\tilde{f}^{(k)}[M(\tau)]$ 是对较长时间尺度 $k\tau$ 下的预测，通过比较多个 k 值，看等式两边是否在误差范围内相等。

6.2.3　过渡路径理论

过渡路径理论（Transition Path Theory，TPT）用于计算从一组状态 A 到另一组状态 B 的通量，被广泛地应用到蛋白质折叠和蛋白质配体相互作用等领域的研究。TPT 可由 MSMs 或 HMSMs 生成的反应通量模型表示：

$$f_{ij} = q_i^- \pi_i p_{ij} q_j^+ \tag{6.37}$$

其中，q_i^- 和 q_j^+ 表示反向和正向的概率，$\pi_i p_{ij}$ 是平衡通量。因此，净通量可表示为：

$$f_{ij}^+ = max\{0,\ f_{ij},\ -f_{ji}\} \tag{6.38}$$

6.2.4　粗粒度马尔科夫模型

通过聚类生成的 MSMs 微观状态的数量通常在几百到几千之间。虽然这种精细的离散化对于计算定量准确的信息很重要，但是这对我们来说是抽象的。粗粒度马尔科夫模型（Coarse-Grained Markov Models）可以提供一个非常有趣的模型，它可以把 n 个微观状态分类成 m 个宏观状态，这些态包含基本结构，热力学和动力学信息。因此，我们可以根据得到的宏观态确定亚稳态结构特征及平衡概率或自由能，还能确定这些亚稳态之间的动力学连接及过渡速率。

实验篇

7　DNA 嘧啶过氧自由基对 C-H 键反应活性的研究^①

7.1　引言

　　DNA 的糖磷酸骨架非常容易受到羟自由基（˙OH）的攻击。˙OH能从 2′-脱氧核糖提取氢原子，产生以碳为中心的糖基并重新排列，最终导致核酸链断裂。根据时间分辨光谱测量、理论研究和主要最终分解产物的鉴定，˙OH还可以加成到嘧啶的不饱和 C＝C 双键。环境氧分子可以以扩散的方式迅速地被碳中心自由基捕获，以生成相应的过氧自由基，例如在通气的 DNA 水溶液和需氧细胞中的 5-羟基-6-过氧-5，6-二氢胸腺嘧啶自由基。但是，在实验中这种瞬态反应的中间体很难找到，这导致完全探索 DNA 体系的反应性质基本不可能。最近的研究表明，大多数涉及嘧啶过氧自由基的 5′ 和 3′ 相邻核苷酸的串联损伤分别来自过氧自由基从胸腺嘧啶的 C1′-H1′ 或甲基中提取氢原子，或与相邻嘌呤碱基的 C8 位点共价加成。通常，烷基过氧自由基的还原电位（pH＝7 时约 1.0 V vs. NHE）远小于鸟嘌呤（1.29V），ROO-H 的键离解能（BDE）低于典型的 C—H 键。实验表明，5（6）-羟基-6（5）-氢过氧基-5，6-二氢胸腺嘧啶和 5-氢过氧基甲基尿嘧啶作为游离核苷中胸腺嘧啶过氧基自由基的主要产物，在室温水溶液中相对稳定，半衰期从几个小时到几天不等。因此，烷基过氧自由基对 H 的抽提反应被认为是 O_2 "固定" 最初生成的以碳为中心的 DNA 自由基，从而防止硫醇对其进行化学修复的结果。然而，目前的研究并不能解释辐射生物学中的 "氧气增强效应"，即存在氧气时电离辐射引起的双链 DNA 损伤增强。因此，为了进一步探索氧分子在双链 DNA 氧化损伤中的潜在作用，应该回

---

　　① Wang, S. D.；Zhang, R. B.；Cadet, J. Enhanced reactivity of the pyrimidine peroxyl radical towards the C-H bond in duplex DNA-a theoretical study. Org. & Biom. Chem, 2020（18）.

答一些基本问题，例如什么样的效应可以导致"氧增强效应"，什么因素可以调节 DNA 中过氧自由基的反应活性？

根据之前的研究，过氧自由基活化 C1′—H1′ 是整个 DNA 损伤的速率控制反应。在此，我们使用可靠的 DFT 方法研究 5-羟基-6-过氧-5，6-二氢胸腺嘧啶自由基的反应性，目的是探索影响过氧自由基对 10 种 DNA 超分子模型反应性的可能因素。DFT 计算表明，位于 3′-胸腺嘧啶碱基上的过氧自由基对相邻的 C1′—H1′ 表现出更高的反应性。与相应的单链模型相比，双链 DNA 中 C1′—H1′ 键的活化能垒更低，双链 DNA 中的反应速度更快。通过研究我们得出结论，基于 DNA 构象调控可以增强双链 DNA 中胸腺嘧啶过氧自由基的反应性。

7.2　研究方法

根据之前的实验，分别向 3′ 胸腺嘧啶的 C5 和 C6 位点添加一个 OH 和 OO˙ 基团，并且添加的 OH 和 OO˙ 以顺式存在（见图 7.1）。因此，选择了两个分别在 5′ 端为 5 个天然碱基（A、T、C、G、U）和在 3′ 端具有 5-羟基-6-过氧-5，6-二氢胸腺嘧啶自由基（由 T* 表示）的 B 型堆叠碱基对作为双链 DNA 模型。虽然 U 是 RNA 碱基中的一种，并且仅在 C5 位点上与 T 不同，但为了系统研究过氧自由基的反应性，我们也计算了 U。在这些双链模型中，5′XT*3′（X=A，T，C，G，U）序列链被认为是反应区。根据之前的计算，磷酸基团通过加氢中和。所有计算均在高斯 Gaussian09 平台进行。所有几何结构均使用 M06-2X/6-31+G（d，p）在气相进行了优化，由此获得的反应物、过渡态和中间体的结构见图 7.2、图 7.3。通过频率计算，确认每个优化结构是真实最小值，验证了所发现的过渡态为一阶鞍点，且只有一个虚频。M06-2X 泛函包含显著的色散贡献，以及可靠的热化学数据，计算非共价相互作用更加精确，我们全部计算都采用了 M06-2X 泛函。自然键轨道（Natural Bond Orbital，NBO）分析在 M06-2X/6-31+G（d，p）水平上进行。

ds–5′AT*3′

ss–5′AT*3′

ds–5'TT*3'

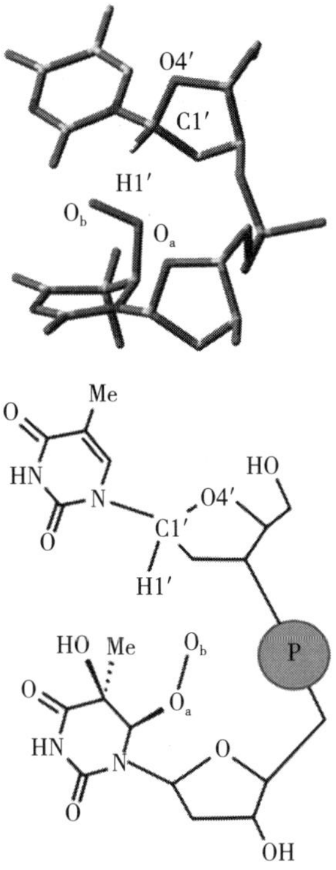

图 7.1 优化得到的双链 5′XT*3′及其相应的单链 DNA 模型的反应物结构，X=A（左），T（右），为了清晰省略了多余的氢原子

7.3 结果与讨论

7.3.1 胸腺嘧啶过氧自由基的反应活性

首先在 M06-2X/6-31+G（d，p）水平上对 5 个双链 DNA 模型进行结构优化，优化得到的结构显示在图 7.2。我们发现过氧自由基与其周围碱基的局部相互作用会影响 DNA 模型的反应物构象。对于双链 5′TT*3′模型，由于 O_b 和 5′T 碱基上的 O2 之间存在排斥作用，导致 5′T 轻微偏离于 5′T 到 3′A 的互补氢键形成的平面。而对于 5′CT*3′模型，O_b 与 5′C 碱基 O2 的排斥作用导致 5′CT*3′链的平行构象完全丧失，并导致 O_b 与 3′T* 的 O2、5′C 的 O2 和 3′GNH$_2$ 上的 H 形成复杂的氢键。

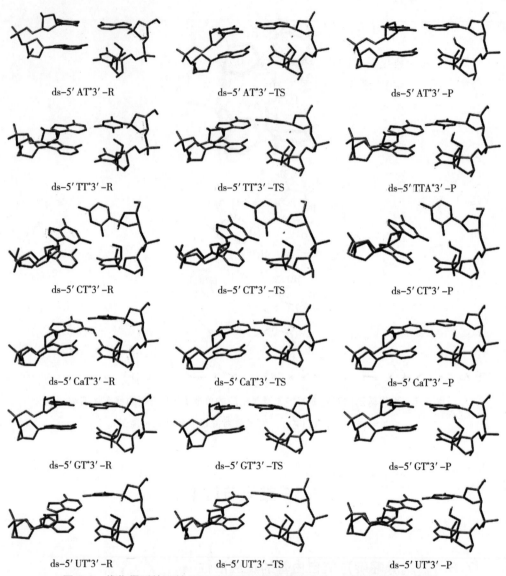

ds-5′ AT*3′ -R   ds-5′ AT*3′ -TS   ds-5′ AT*3′ -P

ds-5′ TT*3′ -R   ds-5′ TT*3′ -TS   ds-5′ TTA*3′ -P

ds-5′ CT*3′ -R   ds-5′ CT*3′ -TS   ds-5′ CT*3′ -P

ds-5′ CaT*3′ -R   ds-5′ CaT*3′ -TS   ds-5′ CaT*3′ -P

ds-5′ GT*3′ -R   ds-5′ GT*3′ -TS   ds-5′ GT*3′ -P

ds-5′ UT*3′ -R   ds-5′ UT*3′ -TS   ds-5′ UT*3′ -P

图 7.2　优化得到的双链 5′XT*3′DNA 模型的反应物、过渡态和产物结构，
为了清晰省略了多余的氢原子

表 7.1　双链和单链 5XT*3 相邻两个平面之间的扭转角（°）

	5′AT*3′	5′GT*3′	5′C$_a$T*3′	5′CT*3′	5′TT*3′	5′UT*3′
ds	16.5	9.6	36.4	62.4	38.5	37.4
ss	56.3	53.1	59.4	59.4	65.8	65.7

　　为了排除这种氢键的影响，我们将 3′G NH$_2$ 的氢原子替换为甲基，新的双链模

型被定义为 5′CaT*3′。优化后的结构表明，甲基化可以消除 O_b 和 3′G 形成的氢键，并且优化得到的结构与 5′TT*3′非常相似。对于双链 5′GT*3′和 5′AT*3′模型，5′G 和 A 碱基可以分别与相对的 3′C 和 T 碱基形成稳定的氢键，而氢键碱基对的共面性几乎不受过氧自由基的影响（见图 7.2）。

为了进行比较，使用相同的方法对单链 5′XT*3′（X = A，G，T，C，U）结构进行了优化，优化得到的反应物、过渡态和产物结构见图 7.3。对于所有优化的单链 5′XT*3′结构，观察到所有的碱基的平行结构被不同程度地破坏，与相应的双链结构相比，这可能是由于缺少互补氢键。我们用 φ 角定义单链中相邻两个平面之间的扭转，来说明 DNA 链构象的变化。由于 3′T* 的 C2、N3 和 C4 组成的局部结构几乎没有改变，因此这三个原子被选用来构造平面。φ 被定义为上述三个原子平面与 5′碱基平面之间的角度。由表 7.1 中可以看到，对于单链 DNA 模型 φ 值的范围为 53.1°~65.8°。对于双链 DNA 二聚体，当 5′碱基为嘧啶时，扭转角值在 36°和 38°之间，当 5′碱基为嘌呤时，扭转角值在 9°和 16°之间。显然，互补链有效地稳定了反应区域的构象。

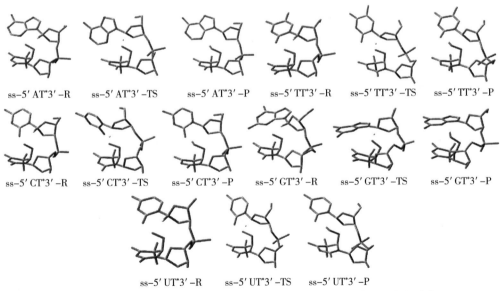

ss-5′ AT*3′ –R　　ss-5′ AT*3′ –TS　　ss-5′ AT*3′ –P　　ss-5′ TT*3′ –R　　ss-5′ TT*3′ –TS　　ss-5′ TT*3′ –P

ss-5′ CT*3′ –R　　ss-5′ CT*3′ –TS　　ss-5′ CT*3′ –P　　ss-5′ GT*3′ –R　　ss-5′ GT*3′ –TS　　ss-5′ GT*3′ –P

ss-5′ UT*3′ –R　　ss-5′ UT*3′ –TS　　ss-5′ UT*3′ –P

图 7.3　优化得到的单链 5′XT*3′DNA 模型的反应物、过渡态和产物结构，

为了清晰省略了多余的氢原子

表 7.2　双链 5′XT*3′ 及对应单链 5′XT*3′ 的过氧自由基提取 H1′ 的反应活化能和

反应能（单位：kcal mol^{-1}）包括零点修正能（$\Delta E^{\neq}$ 和 ΔE）、

焓（$\Delta H^{\neq}$ 和 ΔH）和吉布斯自由能（$\Delta G^{\neq}$ 和 ΔG），（单位：kcal mol^{-1}）

		5′AT*3′	5′GT*3′	5′C$_a$T*3′	5′CT*3′	5′TT*3′	5′UT*3′
ds	$\Delta E^{\neq}$	16.3	17.5	16.0	24.6	15.6	15.1
	ΔE	1.5	1.4	0.9	5.3	1.8	1.2
	$\Delta H^{\neq}$	16.1	17.0	15.4	24.3	15.0	15.0
	ΔH	1.6	1.2	0.8	5.5	1.4	1.4
	$\Delta G^{\neq}$	16.8	19.9	17.2	24.9	16.6	15.9
	ΔG	0.9	2.7	1.2	5.3	2.8	1.4
ss	$\Delta E^{\neq}$	19.5	25.5	19.7	19.7	21.9	21.9
	ΔE	6.3	10.1	3.8	3.8	6.5	6.5
	$\Delta H^{\neq}$	19.1	24.8	19.2	19.2	21.5	21.6
	ΔH	6.5	9.9	3.7	3.7	6.5	6.5
	$\Delta G^{\neq}$	20.8	27.1	21.3	21.3	22.6	22.7
	ΔG	6.3	11.4	4.4	4.4	7.5	7.1

如图 7.2 和图 7.3 所示，过氧自由基的远端 O_b 仅能接触到核苷间 H1′ 和 H5′，根据 2′-脱氧核糖中 C—H 的键离解能，C—H 被活化的顺序如下：C1′—H1′>C5′—H5′>C4′—H4′＝C3′—H3′>C2′—H2′。之前的 ONIOM 计算还表明，对于双链 5′TT*3′，C1′—H1′ 和 C5′—H5′ 键的活化势垒分别为 14.5 和 23.5kcal mol^{-1}，因此 C1′—H1′ 键最容易被胸腺嘧啶 C6 过氧自由基活化。在本研究中，我们进行了全原子的 DFT 计算，表 7.2 中给出了反应的能量、焓和自由能，图 7.4 代表双链和单链模型中反应的自由能垒。可以看出，双链模型中过氧自由基活化 C1′—H1′ 的自由能垒高度通常低于对应单链模型中的自由能垒高度，但 5′CT*3′ 模型除外。对于双链模型，298K 时的活化熵范围为 -2.9～-0.6kcal mol^{-1}，对反应自由能的贡献几乎可以忽略，同样，双链及相应单链模型的活化能的热校正差异可以忽略不计（见表 A1）。我们注意到，C1′—H1′ 的活化自由能垒从双链 5′UT*3′ 的 15.6 到双链 5′GT*3′ 的 19.9kcal mol^{-1}，而双链 5′CT*3′ 的 $\Delta G^{\neq}$＝24.9kcal mol^{-1}。双链 5′CT*3′ 的 $\Delta G^{\neq}$ 明显偏离其他双链模型的原因应归因于其独特的结构，我们观察到反应区两个碱基的非平行构象，这导致其更接近单链。实际上，用甲基取代 3′G 的碱基 NH$_2$ 的氢原子（以 5′C$_a$T*3′ 表示）后，消除了 O_b 和碱基 NH$_2$ 之间的氢键，而优化的结构与双链 5′TT*3′ 模型非常相似，计算的能垒也从 24.9kcal mol^{-1} 降低到 17.2kcal mol^{-1}，恰好在 15.6～19.9kcal mol^{-1} 范围内。在

单链中，298K 下的活化熵为 $-1.1 \sim -2.3 \text{kcal mol}^{-1}$，表明构象随反应路径的变化可以忽略不计，但是反应的自由能垒在 $20.8 \sim 27.1 \text{kcal mol}^{-1}$ 范围内变化，比相应双链的 $\Delta G^{\neq}$ 明显变大。这一结果表明，C1′-H1′ 活化反应强烈依赖于 DNA 构象，不同的构象能影响过氧自由基对 C1′-H1′ 的反应速率。根据 Arrhenius 速率方程，双链与相应单链模型的速率常数比为 200（5′AT*3′序列）：730000（5′GT*3′序列），可见双链 DNA 中互补氢键碱基对可强烈提高 H 抽提反应速率，这合理地解释了"氧增强效应"。最近，DNA 催化酶的催化机制得到了证实，从这一角度理解，互补的非共价 DNA 链对 C1′-H1′ 的活化反应起到催化作用。

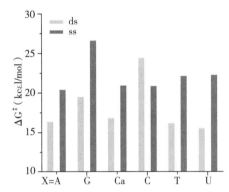

图 7.4　DNA 双链和单链中过氧自由基抽提 H1 反应的自由能垒

7.3.2　胸腺嘧啶过氧自由基活化 C1′-H1′ 自由能垒与键解离自由能的线性关系

以往的研究表明，氢抽提的热力学敏感性与 C-H 键强度密切相关。因此，我们计算了活化能垒 $\Delta G^{\neq}$ 与酸度（DPE）、C-H 键解离自由能（BDFE）和反应自由能（$\Delta G \text{rxn}$）三个值之间的关系，图 7.5 显示了相关曲线图（相关数据见表 A2）。从 M06-2X/6-31+G（d, p）水平的计算结果来看，$\Delta G^{\neq}$ 和 C1′-H1′ 的 BDFE 或 DPE 之间的线性相关系数（R）相对较弱（R<<0.9），相比之下 $\Delta G^{\neq}$ 和 $\Delta G \text{rxn}$ 之间的线性相关表现更好（R=0.96，SD=1.06）。由公式 7.1~公式 7.3 可知，对于分子内抽提氢反应，$\Delta G \text{rxn} = \text{BDFE}（C-H）-\text{BDFE}（OO-H）$，BDFE（C-H）和 BDFE（OO-H）分别代表 C-H 和 OO-H 键离解自由能。因此，这表明胸腺嘧啶过氧自由基抽提 C1′-H1′ 反应的 $\Delta G^{\neq}$ 与 C1′-H1′ 和 $O_a O_b$-H 键解离自由能之差呈很好的线性关系。

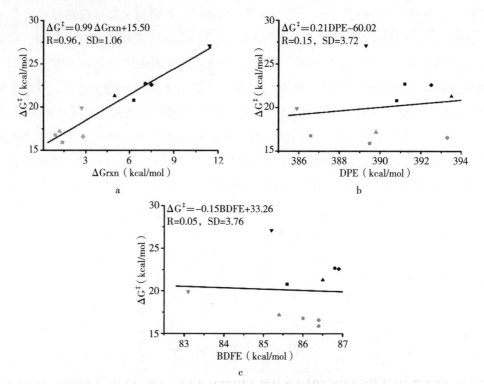

图 7.5 **ΔG 与 ΔGrxn、DPE、BDFE 的线性关系，■，▼，▲，**

◆和●分别代表双链的 5′AT*3′，5′GT*3′，5′CaT*3′，5′TT*3′和 5′UT*3′，

■，▼，▲，◆和●分别代表相应的单链

为了排除计算方法对线性关系的影响，我们采用 M06-2X 和 CCSD（T）方法对模型分子（X-CH₂-CH₂-CH₂-OO˙，X＝CHCH₂，CCH，Ph，COH，COCH₃，COOCH₃，NO₂，F，COOH，H，NHCH₃，NH₂，NCH₃CH₃，NHCOH，OCH₃，OH，CH₂CH₃，CH₃）进行了研究。如图 7.6 所示，M06-2X 泛函计算 ΔG≠ 值与 CCSD（T）计算结果一致性良好（见图 A1 和表 A3），使用两种理论方法观察到抽提 C-H 的 ΔG≠ 和 ΔGrxn 之间均存在很好的线性关系。这些结果表明，抽提氢反应的效率实际上取决于反应物和产物之间 BDFE 值的差异，而与使用的计算方法无关。

$$X-CH_2-CH_2-CH_2-COO˙ \rightarrow X-˙CH-CH_2-CH_2-COO˙+H˙ \tag{7.1}$$

$$H˙+X-˙CH-CH_2-CH_2-COO˙ \rightarrow X-˙CH-CH_2-CH_2-COOH \tag{7.2}$$

ΔGrxn

$$=G（X-˙CH-CH_2-CH_2-COOH）-G（X-CH_2-CH_2-CH_2-COO˙） \tag{7.3}$$

$$=ΔGrxn（1）+ΔGrxn（2）$$

$$=BDFE（C-H）-BDFE（O-H）$$

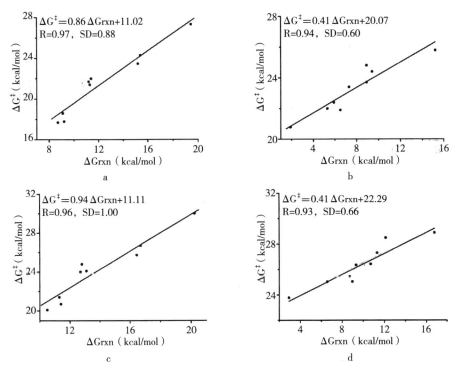

图 7.6 在 X-CH2-CH2-CH2-OO（X 代表 CHCH2, CCH, Ph, COH, COCH3, COOCH3, NO2, F, COOH, H, NHCH3, NH2, NCH3CH3, NHCOH, OCH3, OH, CH2CH3, CH3）体系中过氧自由基抽提 H 的 ΔG 和 ΔGrxn 的线性关系［a、c 代表 CCSD（T）/6-31+G（d, p）的计算结果，b、d 代表 M06-2X/6-31+G（d, p）计算结果］

7.3.3 DNA 双链和单链模型中胸腺嘧啶过氧自由基反应活性的差异

前面的研究已经表明，双链 DNA 中过氧自由基对 C1′-H1′表现出更强的反应活性，本部分我们对造成这一差异的化学本质进行研究。由图 7.2、图 7.3 可见，对于 5′核苷酸，2′-脱氧核糖中与 O4′相邻的 C1′-H1′键为轴向取向。每个双链模型中的 C1′-H1′键长为 1.092 ~1.094Å。我们计算了体系的电荷，如图 7.7 所示。最大的负电荷密度位于 2′-脱氧核糖单元的氧原子（O4′）上，作为电子供体这可能对 C1′-H1′键强度起到非常重要的作用。我们对二阶微扰能 E（2）分析表明，σ^*（C1′-H1′）与电子供体之间的相互作用预计在 13.1 ~18.8kcal mol^{-1}之间（见表 A4）。值得注意的是，双链模型中 σ^*（C1′-H1′）和电荷供体之间的总 E（2）彼此接近，其中过氧自由基作为强电荷供体对于总的 E（2）的贡献显著，而单链模型从 13.1 到 16.4kcal mol^{-1}不等。每个双链模型的总 E（2）通常比相应的单链模型大 1 ~5kcal mol^{-1}，因此双链模型中的 C1′—H1′键长通常仅比相应的单链模型中的长 0.001~0.002Å。双链和单链模型 E（2）的差值与过氧自由基的贡献接近，表明超共轭效应使双链模型中的 C1′—H1′键更活跃。所有双链模型的 C1′—H1′键和 O_a—O_b 键的电子占据数都非常接近，这可能是导致双链 DNA 反应的自由能全彼此接近的原因。然而，双链模型的 Oa-Ob 反键轨道的占据数略大于相应单链模型，而双链模型中反应性的差异主要来自取代基效应（见表 A5）。

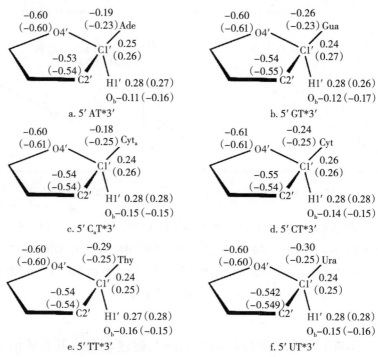

图 7.7　反应物碱基部分原子的 NBO 电荷，双链在括号外单链在括号内

图 7.8 显示了反应物到过渡态一些重要的几何结构参数，可以看出从反应物到过渡结构，单链和双链 DNA 模型的 $O_a \cdots O_b$ 距离的变化是相似的。相比之下，在双链模型中，$C1′\cdots H1′$距离的变化通常小于相应的单链模型。当 5′碱基是嘧啶时尤其如此。我们使用模型评估了 $C1′$—$H1′$和 O_a—O_b 键从反应物延伸到相对过渡结构所产生的重组能量（preparatory energy），如图 A3 所示。得到的 C1′—H1′键的相对能量的曲线见图 7.9a。基于图 A3 中的 a 和 b 模型，这两条曲线吻合良好，表明它们的能量演化与 C1′—H1′键延伸是一致的。对于单链 5′TT*3′模型，过渡结构中的 $C1′\cdots H1′$距离为 1.310Å，因此根据图 7.9a 中的能量曲线，重组能量约为 12.8kcal mol^{-1}。使用相同的方法，确定了双链 5′TT*3′模型过渡结构中 C1′⋯H1′距离为 1.257Å 时 7.9kcal mol^{-1} 的重组能量。显然，在单链模型中，C1′—H1′延伸所需的重组能量比在其相对双链

模型中更大，这也与我们观察到的两种模型 C1′—H1′的长度关系一致。为了进行比较，将 Oa—Ob 键从各自的反应物延伸到其过渡结构，发现双链和单链中重组能的差异非常小，仅为 0.5kcal/mol（见图 7.9b）。因此，C1′—H1′延伸产生的重组能量对于抽提氢反应更为显著。结果同时表明，在单链 DNA 模型中，C1′—H1′键几何重排所需的重组能量大于在双链 DNA 中的重组能，这可能是影响反应性差异的主要因素之一。此外，如表 A6 所示，所有 DNA 模型的反应物的最佳 H1′—Ob—Oa 角度在 56°~78°范围内变化，而它们的过渡结构在 99°~102°。这符合基于 oxyl-p 轨道为基础的 π^*-轨道作为电子受体的 π-机制，既能提供 oxyl-p 和 σC—H 轨道之间的最大重叠，又有最小的 Pauli 排斥。

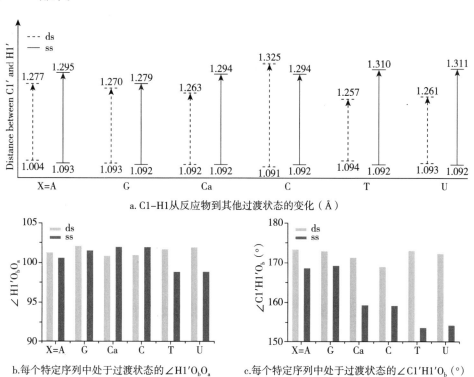

a. C1—H1 从反应物到其他过渡状态的变化（Å）

b. 每个特定序列中处于过渡状态的∠H1′ObOa

c. 每个特定序列中处于过渡状态的∠C1′H1′Ob（°）

图 7.8

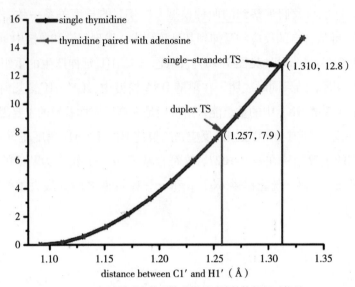

a. C1′-H1′键从反应物延伸到相对过渡结构的相对能量

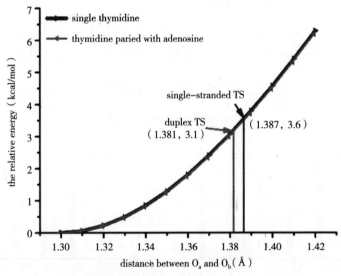

b. Oa-Ob键从反应物延伸到相对过渡结构的相对能量

图 7.9

7.3.4 DNA 中胸腺嘧啶过氧自由基抽提 C1′-H1′反应本质的探究

根据文献报道，如果 σC1-H1 供体轨道与基于 oxyl-p 的 π* 受体轨道有最大重叠，则 C-H 键激活效率最佳。图 7.10 显示了双链 5′TT*3′及其相对单链模型过渡态的单占据分子轨道（SOMO），双链 DNA 过渡结构中的 C1′-H1′-Ob 角比在单链 DNA 中观察到的角更接近理想的 180°（见表 A6），这也意味着在双链 DNA 中轨道相互作用最大。oxyl-p 的 π^* 和 $\sigma C1'-H1'$ 能级的其他信息表明，对于双链 DNA 模型，基于 oxyl-p 的 π^* 和 $\sigma C1'-H1'$ 之间的能隙通常较小（见表 A7），这表明双链 DNA 中对 C1'-H1' 的活化比单链 DNA 中更有效。

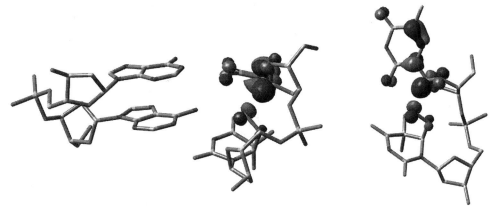

图 7.10　双链和相应单链 5′TT*3′过渡态结构的 SOMO，
为了清晰省略了多余的氢原子，详细参数见表 A2（距离：Å，角度：°）

7.4　本章小结

　　本章中，我们用可靠的 DFT 方法对所有天然单链和双链 DNA 序列中 5-羟基-6-过氧-5, 6-二氢胸腺嘧啶自由基反应活性进行了研究。研究发现，C1'-H1' 活化自由能与相关反应自由能呈现的线性关系，线性相关系数 R = 0. 96。理论计算表明，基于氢键形成的双螺旋 DNA 构象显著增强了双链 DNA 中过氧自由基的反应活性，这成功地解释了辐射生物学中的"氧增强效应"。根据最佳 $\sigma C1'-H1'$ 的重组能量和最小 Pauli 排斥，合理解释了双链和单链 DNA 模型中胸腺嘧啶过氧自由基反应活性之间的差异和反应的本质。由于核苷自由基的寿命非常短，并且很难分离和识别，因此有关核酸的氢抽提实验测定一直是一个具有挑战性的问题。此外，在现代研究的前沿，C-H 活化反应的研究一直是具有挑战性的课题，我们的研究发现了基于 DNA 的 C-H 活化催化作用，为实验现象提供了合理的解释，为进一步研究提供了新的视角和重要参考。

8 5R-Tg 对 DNA 双螺旋结构的影响①

8.1 引言

嘧啶过氧自由基活性中间体可以和 5′碱基发生交联或者抽提 5′碱基的 H1′并进一步生成胸腺嘧啶乙二醇（5，6-二氢-5，6-二羟基胸腺嘧啶；Tg）这一著名的氧化损伤。Tg 是胸腺嘧啶最常见的氧化产物，正常细胞每天大约形成 400 个 Tg 残基，10%~20%的基因组损伤归因于胸腺嘧啶氧化转化为 Tg。由于 C5 和 C6 原子的手性，Tg 可能以两对顺反立体异构体混合物的形式存在，即 5R 顺反立体异构体（5R，6S：5R，6R）和 5S 顺反立体异构体（5S，6R：5S，6S）。5R-Tg 立体异构体被认为是这两种异构体中含量更丰富的，在含有 Tg：A 碱基对的 DNA 寡聚体中，cis-5R，6S-Tg 和 trans-5R，6R-Tg 之间的平衡比为 7∶3，而在单核苷水平上该比率为 87%∶13%。这些差向异构体诱导双链 DNA 发生明显的结构变化，Bolton 和 Stone 等人的研究表明 5R-Tg 碱基可以在螺旋外也可能在螺旋内与互补链上的碱基配对。显然这些研究并没有考虑到 Tg 的异构化，因此结论也不能区分这种变化到底是来自 cis-5R，6S-Tg 还是 trans-5R，6R-Tg。Tg 损伤的异构体可能导致完全不同的后果，然而遗憾的是目前得到的包含 Tg 的 DNA 结构主要来自 NMR 实验或 DNA 与相关酶的复合物，而其包含的 Tg 都是 cis-5R，6S-Tg，还未见关于 Tg 其他异构体结构在 DNA 水平上的报道。此外，碱基翻转是核酸生物物理学和生物化学中一个最关键的基本主题，研究表明，碱基翻转是甲基转移酶、糖基化酶和核酸内切酶等酶读取和化学修饰碱基的常见策略，碱基翻转甚至可能与转录和复制过程中 DNA 开放和解旋的早期事件有

---

① Wang, S. D.；Zhang, R. B.；Leif A. Erikson. Dynamics of 5R-Tg Base Flipping in DNA Duplexes based on Simulations—Agreement with Experiments and Beyond. J. Chem. Inf. Model，2022（2）.

关。尽管大量研究发现，许多修复酶能使其目标碱基完全外翻，但碱基翻转是否为自发进行仍存在争议。因此，研究者们对碱基翻转动力学的准确信息具有高度的兴趣。

8.2 研究方法

从蛋白质数据库（PDB ID：2KH5）中获得了含有 cis-5R，6S-Tg 的十二聚体 DNA 初始坐标。突变 Tg 生成包含 trans-5R，6R-Tg（trans-DNA）和 T（thy-DNA）的另外两个十二聚体 DNA 双链（见图 8.1a、图 8.1b）。每个 DNA 分子分别放入大小为 59×63×44Å 的长方体盒子中，然后向水盒子中添加 22 个 Na^+ 中和磷酸基团的负电荷，最后向盒子添加 0.15 M NaCl 以模拟细胞内环境，DNA 与水盒子边缘之间的最小距离为 10Å。对于非键相互作用，使用截断半径为 12Å 的周期性边界条件，Ewald（PME）算法用于处理静电相互作用，氢原子的键通过 shake 算法进行约束，步长为 2fs。在固定溶质分子的情况下，采用共轭梯度法首先对水分子进行 1000 步的能量最小化，然后再对整个系统进行 1000 步的能量最小化。接下来，在溶质固定的正则系综（NVT）中，从 0 到 298K 进行 500ps 的加热过程后，进行了一系列谐波约束等温等压系综（NPT）模拟，以实现溶质自由度的受控释放。用于约束的标度分别为 5.0、1.0 和 0.5kcal $mol^{-1} \cdot Å^{-2}$。在每个约束条件下，使用 NPT 系综进行 500ps MD 模拟。系统使用 Langevin thermostat 方法保持系统恒温，Langevin piston Nosé-Hoover 方法保持系统的压力。对于 cis-DNA，首先进行 1μs MD 模拟，然后进行两个独立的 1μs 副本模拟以验证初始结果。对于 trans-DNA，首先进行了 1μs 的初始模拟，得到了 trans-DNA-1。随后进行了两个独立的 1μs 副本模拟，得到的结构命名为 trans-DNA-2 和 trans-DNA-3。最后，对包含 T 的天然 DNA-thy 进行了三次 1μs 的模拟。本部分总模拟时间超过 10.0μs，每次模拟的最后 0.1μs 轨迹用于分析。DNA 构象分析使用 Curves+，所有 MD 模拟均使用 NAMD 2.13 和 Colvar 模块进行，结构显示使用 VMD 1.9.3，整个模拟使用的是 CHARMM36 力场。

a. 5R-Tg 碱基对

```
        1  2  3  4  5     6     7  8  9  10 11 12
    5'- G- T- G- C- G-    X   - G- T- T- T- G- T- 3'    X=Tg or Thy
    3'- C- A- C- G- C-    A   - C- A- A- A- C- A- 5'
       24 23 22 21 20    19    18 17 16 15 14 13
```
b.研究使用的DNA的序列

图 8.1

为了深入了解 Tg 从双链中的翻转过程，使用 meta-eABF 计算了碱基翻转的自由能。meta-eABF 同时添加了 eABF 偏置力和 MtD 高斯势，对于快速探索自由能景观特别有效。该算法被证明可以广泛应用于包括 DNA 在内的多种体系，与标准 ABF 相比，其收敛速度比高达 5 倍。我们选用 MD 轨迹的平均结构作为 PMF 计算的初始结构，在 NPT 系综下运行，bins = 0.1×0.1Å，Gaussian hillWeight = 0.1kcal mol^{-1}，hillwidth = 5bin。在本研究中，Tg（或 DNA thy 中的 T）碱基与互补的 A19 碱基之间的质心距离被用作 meta-eABF 模拟中的反应坐标。

用 Gaussian 09 程序包在 M06-2X/6-31+G（d，p）水平对单个核苷酸进行几何优化，并在 MP2/6-311G（d，p）水平计算了相应的能量，以确定 cis-5R，6S-Tg 和 trans-5R，6R-Tg 的最稳定构型。对于模拟过程中发现的局部稳定结构，同样使用 Gaussian 09 程序包在 M06-2X/6-31+G（d，p）水平进行几何优化，并在同一水平上进行频率计算，确认结构为真实极小值，最后计算了核苷酸之间的相互作用能，本文的相互作用能定义为 $\Delta \text{Eint} = \text{Ecomplex} - (\text{Emonomer 1} + \text{Emonomer 2})$。

所有的参数拟合都是按照 CHARMM 程序中规定的参数化顺序，在 ffTK 插件中进行的。首先在 MP2/6-31G* 水平下分别对 cis-5R，6S-Tg 和 trans-5R，6R-Tg 的结构进行优化，然后在 HF/6-31G* 水平下通过计算分子与 TIP3P 水的相互作用拟合原子的电荷，在 MP2/6-31G* 水平下通过计算分子的海森（Hessian）矩阵拟合键长和键角，最后使用 MP2/6-31G* 方法对分子的二面角进行刚性扫描，扫描步长为 10°，根据扫描得到的势能面拟合得到二面角的数据。Lennard-Jones 参数和扭转角从 CGenFF 中获得的，所有不相同的原子都被重新定义为新的原子类型。

8.3　结果与讨论

8.3.1　cis-5R，6S-Tg DNA 双链分子动力学模拟

对包含 cis-5R，6S-Tg 的 DNA（cis-DNA）双链进行了 1μs 产物模拟，使用均

方根偏差（RMSD）来监测双链结构系统的稳定性，如图 B2a 所示，产物模拟的第一帧作为 RMSD 的参考。Cis-DNA 的 RMSD 仅显示轻微波动，并产生与天然双链 DNA 非常相似的值（见图 B3a）。此外，最后的 0.1μs 模拟中，RMSD 的标准偏差仅为 0.29Å（见图 8.2a），表明相对结构变化非常小。因此，根据之前对天然和受损 DNA 的研究，我们对最后 0.1μs 模拟得到的数据进行了详细的分析。此外，我们还计算了每个碱基的 RMSF 值，以研究模拟过程中单个碱基的波动。如图 8.2b 所示，最大的波动发生在双链末端核苷酸，这也与天然的 DNA 非常相似（见图 B3b）。Tg 碱基及其两侧的 G5 和 G7 的波动非常小，RMSF 值大约为 1.17±0.24，1.74±0.29 和 1.69±0.29Å。因此，我们可以得出结论，根据之前对 DNA 体系的研究，1μs 模拟能确保关键 DNA 结构参数的收敛。

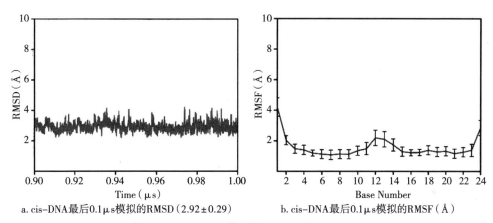

a. cis-DNA最后0.1μs模拟的RMSD（2.92±0.29）　　b. cis-DNA最后0.1μs模拟的RMSF（Å）

图 8.2　0.1μs 模拟的 RMSD 和 RMSF

Tg 的 5-CH$_3$ 基团的构象被认为是影响双链 DNA 局部结构的一个因素。5-CH$_3$ 可能存在赤道和轴向两种构象，而这两种构象都符合 NOE 得到的数据，因此 NOE 无法区分 cis-5R，6S-Tg 中 5-CH$_3$ 基团的轴向构象和赤道构象。此外，rMD 模拟中观察到 5-CH$_3$ 的两种构象。在当前研究中，当我们对 DNA 施加 0.15kcal mol^{-1}·Å^{-2} 的限制力进行 rMD 模拟时，也获得了类似的结果（见图 8.3），并观察到 5-CH$_3$ 构象的反复转变。鉴于在这些 rMD 模拟中 5-CH$_3$ 的构象频繁变化和其对 DNA 局部结构的重要意义，需要对 cis-5R，6S-Tg 进行更彻底的研究。

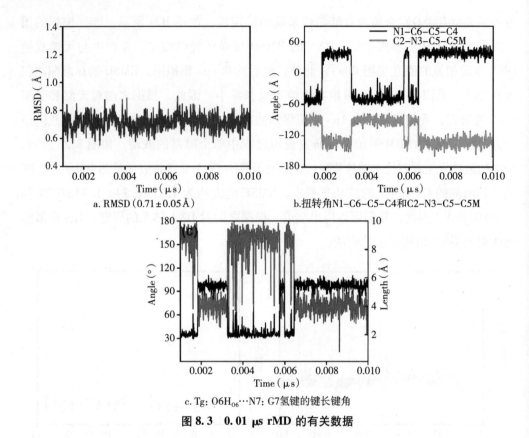

a. RMSD（0.71±0.05Å）

b.扭转角N1-C6-C5-C4和C2-N3-C5-C5M

c. Tg: $O6H_{O6}\cdots N7$: G7氢键的键长键角

图 8.3　0.01 μs rMD 的有关数据

　　然而，我们发现当不再向 DNA 施加约束时，$5-CH_3$ 在很短的时间（约 25ps）内即发生构象的转变。为了探索 $5-CH_3$ 基团的构象选择性，我们选取模拟的前 100ps 的轨迹进行分析，其 RMSD 和 RMSF 见图 8.4a。由于 6-OH 的取向变化与 $5-CH_3$ 的变化表现出明显的关联，因此我们也研究了 6-OH 的变化。$5-CH_3$ 基团和 6-OH 基团的构象变化分别用 C2-N3-C5-C5M 和 C2-N3-C6-O6 扭转角来描述。在前 25ps 期间，Tg 上的 $5-CH_3$ 和 6-OH 基团均以二面角约为 90° 的轴向构型存在（见图 8.4b 和图 8.5a）。Tg 与 G7 核苷酸则通过 Tg：$O6H_{O6}\cdots N7$：G7 氢键相互作用（见图 8.4c），氢键长度为 2.03±0.23Å，该氢键在轨道初始 25ps 内的占有率为 96.8%，这与核磁共振实验中的观察结果一致。但是在 25ps 时，$5-CH_3$ 和 6-OH 基团都转变为赤道构象（见图 8.4b 和图 8.5b），该构象在所有后续模拟轨迹中始终保持不变，并且 Tg：$O6H_{O6}\cdots$ N7：G7 氢键完全消失（见图 8.4c）。相反，见图 8.4d 和 8.4e，Tg 核苷酸内形成了两个新的氢键：$O6H_{O6}\cdots O4'$ 和 $O6H_{O6}\cdots O5'$，键长分别为 2.23±0.20 和 2.36±0.35Å，在接下来的 75ps 中，该两个氢键的占有率分别为 89.0% 和 83.9%。在模拟过程中，我们还通过计算 Tg 和 G7 核苷酸的总能量来研究构象变化（见图 8.4f）。我们发现这两种构象的平均能量分别约为-19.1 和-30.0kcal mol^{-1}，表明顺式 Tg 中 5-CH$_3$ 基团的赤道构型在热力学上是首选的。可能的原因是核苷酸间 Tg：O6H$_{06}$···N7：G7 氢键的稳定性低于两个 Tg 核苷酸内的 O6H$_{06}$···O4′ 和 O6H$_{06}$···O5′ 氢键（见图 8.5）。由此可见，cis-5R，6S-Tg 上 5-CH$_3$ 基团的构象选择性可以由局部热力学确定，并由与 6-OH 取代基相关的氢键强度控制。

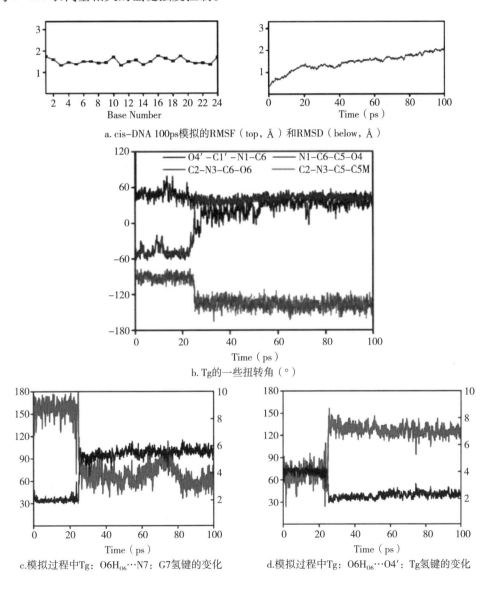

a. cis-DNA 100ps模拟的RMSF（top，Å）和RMSD（below，Å）

b. Tg的一些扭转角（°）

c.模拟过程中Tg：O6H$_{06}$···N7：G7氢键的变化　　　d.模拟过程中Tg：O6H$_{06}$···O4′：Tg氢键的变化

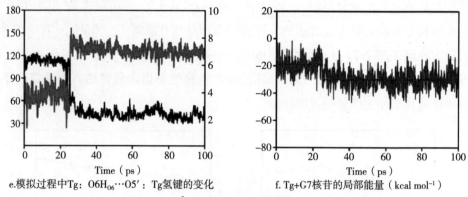

e.模拟过程中Tg：O6H$_{O6}$···O5′：Tg氢键的变化　　　　f. Tg+G7核苷的局部能量（kcal mol^{-1}）

图8.4　长度（Å），右边刻度；角度（°），左边刻度

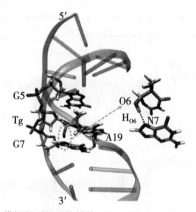

a.前25ps模拟得到的平均结构，Tg：O6H$_{O6}$···N7：G7=2.03 Å

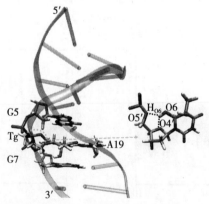

b. 25-100ps模拟得到的平均结构，Tg：O6H$_{O6}$···O5′=2.36 Å，Tg：O6H$_{O6}$···O4′=2.23 Å

图8.5　模拟得到的平均结构

为进一步确定 5-CH$_3$ 基团的取向，我们进行了 DFT 计算。我们从 MD 模拟中提取了两种 5-CH$_3$ 基团不同构象的 cis-5R，6S-Tg 核苷酸作为初始结构，并使用标准

6-31+G（d，p）基组的色散校正函数 M06-2X 进行优化（见图 B4）。在 MP2/6-311G（d，p）水平下计算单点能量（见表 B1）。我们发现，对于具有 5-CH$_3$ 基团轴向构象的体系，5-OH 可以与 Tg 上的 O4′ 或 O6′ 原子形成氢键，而 6-OH 是未结合的，这两个异构体几乎是等能的，但是显著高于当 5-CH$_3$ 为赤道构象的能量（+3.5kcal mol^{-1}）。有趣的是，量子化学计算的结果也发现了 Tg 的 6-OH 与自己的 O5′ 和 O4′ 形成核苷酸内氢键。这些结果表明，无论是在单个核苷酸还是在双链 DNA 中，cis-5R，6S-Tg 上的 5-CH$_3$ 基团都优先呈赤道构象。此外，我们的 MD 模拟和 DFT 计算表明，由于嘧啶环褶皱的变化，Tg 中 6-OH 的构象始终显示出与 5-CH$_3$ 基团相同的构象。由于 NMR 提供的结构中存在轴向（PDB ID：2KH5）和赤道（PDB ID：2KH6）两种构象，为了排除因为初始构象不同导致的差异，我们又选取 2KH6 作为初始结构进行了两次独立的模拟，每次长 100ns，发现 5-CH$_3$ 始终维持最初的赤道构象（见图 8.6）。

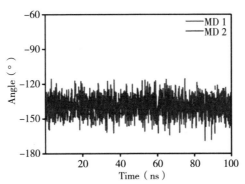

图 8.6　以赤道构象（PDB ID：2KH6）作为模拟的起点，

cis-DNA 两次 100ns 模拟中 Tg-CH3 的构象

　　除末端核苷酸外，稳定的 cis-DNA 的平均结构与天然的 DNA 结构重叠良好（见图 B5）。分析双链的结构可以看到，Tg 与互补的 A19 及上下两对 G：C 的 Watson-Crick 型氢键始终保持稳定，并且在整个模拟过程中，它们的堆叠相互作用保持良好。但是，Tg 与 G7 之间的质心距离为 4.78±0.25Å（见图 B6），超过了天然 DNA 中 T6 和 G7 之间的距离（3.90±0.33Å）。这说明 cis-5R，6S-Tg 引起了双链微小的变形，这可能是由于轴向 5-OH 基团和 G7 碱基之间的排斥作用以及 Tg 的 6-OH 与自己的 O5′ 和 O4′ 形成的核苷酸内氢键，而 Tg 与 G5 之间的质心距离为 3.89±0.15Å。

　　为了进一步探索非共价相互作用对碱基与 DNA 双链的亲和能，我们进行了相互作用能量分解分析（EDA），T 或 Tg 与其相邻的 G5，G7 和 A19 碱基的相互作用能被分解（见图 8.7 和表 B2）。氢键被认为是维持 DNA 二级结构的关键因素，能量分解的结果显示 T6/A19 Watson-Crick 型氢键能量约为 -11.2 ± 1.1 kcal mol^{-1}，这与 M06-2X/6-31+G（d, p）水平下估算的能量-13.8kcal mol^{-1}非常一致。Tg 和 A19 之间的平均相互作用能为-11.5 ± 1.4kcal mol^{-1}，同样非常接近在 M06-2X/6-31+G （d, p）水平计算得到的-12.9kcal mol^{-1}。这些结果表明，A19 和 T6 或 cis-5R, 6S-Tg 之间的氢键作用几乎相同。相比之下，G7 和 cis-5R, 6S-Tg 之间的静电相互 作用为 2.6 ± 1.6kcal mol^{-1}，两者之间的总相互作用能为-2.5 ± 1.5kcal mol^{-1}。这明显 弱于 Tg 与 G5 以及未受损的天然 DNA 中 G7 与 T 的相互作用能，恰好解释了 Tg 与 G7 距离变长的原因。Tg 与其两侧 G5 和 G7 的相互作用主要来自范德华（vdW）作用，这 种相互作用能之和约为-11.4kcal mol^{-1}，与主导 Tg 与 A19 相互作用能的静电相互作用 （-11.5kcal mol^{-1}）非常接近。这表明 Elec 和 vdW 对 cis-5R, 6S-Tg 与双链 DNA 的亲 和力有相当的贡献。在未受损的 DNA 中 T6 与 A19、G5 和 G7 的相互作用中也发现了 同样的情况。此外，在 DNA-thy 和 cis-DNA 中，T6 或 cis-5R, 6S Tg 与 A19，G5 和 G7 碱基的总相互作用能分别为-23.8 和-22.9kcal mol^{-1}。因此，得出的结论是，双链 DNA 中 cis-5R, 6S-Tg 碱基的稳定性取决于 Tg 碱基与其相邻 G5 和 G7 碱基的色散作 用及与互补 A19 碱基的氢键。两个副本模拟得到了类似的结果，如表 B3 所示。

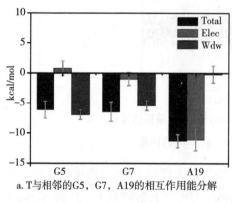 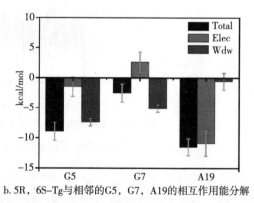

a. T与相邻的G5，G7，A19的相互作用能分解　　b. 5R，6S-Tg与相邻的G5，G7，A19的相互作用能分解

图 8.7

8.3.2　trans-5R，6R-Tg DNA 双链分子动力学模拟

在 298K 下，在 DNA 水平 5R-Tg 以 cis-5R6S-Tg 和 trans-5R6R-Tg 差向异构体形 式存在于溶液中，比例约为 7∶3。因此，实验上很难辨别不同差向异构体对双链 DNA 结构的影响和动力学性质。基于目前对 cis-5R6S-Tg 与双链 DNA 的作用分析，我们得 出结论，与 cis-5R6S-Tg 相邻的碱基 G5，G7 和 A19 对于结合起关键作用，cis-DNA 基本上维持了天然 DNA 的结构。为了进一步研究差向异构体对双链 DNA 稳定性的影

响，我们继续对含有 trans-5R6R-Tg 碱基的 DNA 双链进行了类似的模拟和分析。在所有得到的轨迹中，5-CH₃ 基团始终保持赤道构象，6-OH 保持轴向构象。有趣的是，在 1μs 模拟中发现了两种相对稳定的结构。其中第一个（称为"亚稳态"）出现在 0.35~0.40μs 的模拟中，所有碱基的 RMSD 和 RMSF 如图 B7a 和 B7b 所示。我们发现 trans-5R6R-Tg 与 A19 之间形成了一个拱形氢键，这种结构中 Tg 与 A19 的相互作用能估计为 -8.6 ± 1.7 kcal mol⁻¹，明显低于天然 DNA 中 T6/A19 氢键碱基对。DFT 计算表明，当水分子不存在时，trans-5R6R-Tg 和 A19 碱基之间孤立的拱形氢键结构并不稳定，水分子是保持亚稳态结构和 5R, 6R-Tg/A19 拱形氢键所必需的。如图 8.8a 和 8.9a 所示，trans-5R6R-Tg 周围的水分子数量相对于 cis-5R6S-Tg 增加。在模拟的 0.35μs 之前，trans-5R6R-Tg 中 O6 和 H₀₆周围的平均水数在 0.2 和 0.4 之间，在 0.35 和 0.40μs 之间的亚稳态结构中，分别增加到 1.1 和 1.2。此外，在最初的 0.40μs 期间，在 trans-5R6R-Tg 核苷酸周围 O4′的水分子数保持恒定在 1.8，O5 为 1.6，H5 为 2.4。结果表明，维持亚稳态结构所需的"额外"水分子导致 0.35μs 后的 Tg：O6H₀₆…O4′：Tg 氢键强度减弱（见图 8.9b）。因此，其"锁定" trans-5R6R-Tg 碱基的能力降低，这导致 trans-5R6R-Tg 围绕 N-糖苷键的旋转增加（见图 8.9c）。这也与 trans-5R6R Tg 和 A19 碱基的 RMSF 值分别为 2.28 和 1.88Å 的变化一致（见图 B7b）。

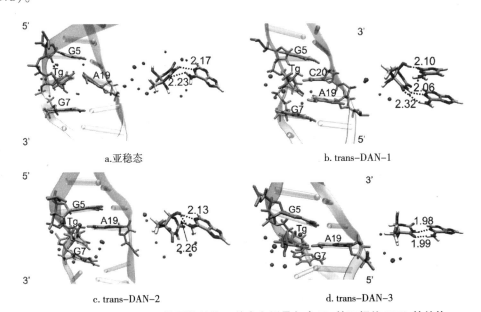

图 8.8　**trans-5R6R-Tg 的平均结构，其中左侧是包含 Tg 的双螺旋 DNA 的结构，右侧是 Tg 与互补的 A19 的局部结构，为了清晰省略了多余的氢原子，氢键用虚线表示（Å）**

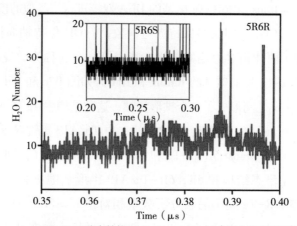

a. trans–5R6R–Tg亚稳态结构和cis–5R，6S–Tg3.0Å以内的水分子数

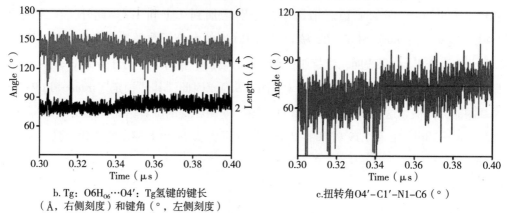

b. Tg：O6H₀₆···O4'：Tg氢键的键长
（Å，右侧刻度）和键角（°，左侧刻度）

c.扭转角O4'–C1'–N1–C6（°）

图 8.9

在亚稳态结构之后，观察到稳定的 trans–DNA 结构之一 trans–DNA–1 在 0.40μs 形成，并在剩余的模拟过程中始终保持。最后 0.10μs 模拟的 RMSD（见图 8.10a）的标准偏差仅为 0.41Å。因此，详细的结构分析也是基于最后 0.1μs 模拟。如图 8.8b 所示，Tg 5′端氢键碱基对 G5/C20 被 Tg 的轴向 6-OH 破坏，6-OH 与 C20 的 O2 形成新的氢键（Tg：O6H₀₆···O2：C20），这种新形成的氢键的平均相互作用能为 -15.8 ± 2.6 kcal mol^{-1}，如图 8.11b 和表 B3 所示。此外，由于氢键的作用，trans–5R，6R–Tg 在这种构象中导致双链 DNA 的局部结构大幅度扭曲，这与含 cis–5R，6S–Tg 的双链 DNA 完全不同。除 Tg：O6H₀₆···O2：C20 氢键外，trans–5R，6R–Tg 与 A19 之间的 Watson–Crick 氢键仍然存在，但是平均相互作用能为 -9.8 ± 1.7 kcal mol^{-1}。DFT 计算也证实了与 A19/C20 与 trans–5R，6R–Tg 相互作用的存在和稳定性（见图 B8）。DFT 计算得到的相互作用能为 -25.6 ± 2.8 kcal mol^{-1}，与 MD 分析得到的

$-24.6\text{kcal mol}^{-1}$非常接近。在这个多氢键的复杂结构中，我们发现除了糖环的磷酸盐和 O4′被水分子包围外，一些水分子还与 trans-5R-6R-Tg 的 O4 和 O2 原子形成氢键。由于 Tg 能与对面的 C20 形成氢键，这意味着 Tg 对 DNA 双螺旋结构的影响受DNA 碱基序列影响。

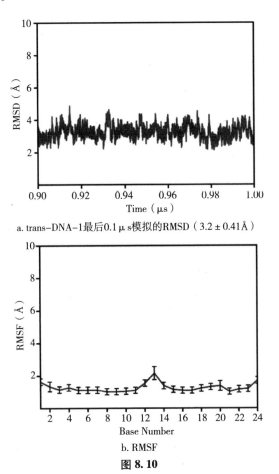

a. trans-DNA-1最后0.1μs模拟的RMSD（3.2±0.41Å）

b. RMSF

图 8.10

为了进一步探索 trans-DNA 结构，我们进行了三次独立副本模拟。值得注意的是，在所有的副本中我们都观察到了这种亚稳态结构的存在，分布在不同模拟的 0.2～0.5μs 之间。在亚稳态后，trans-DNA 还出现了 trans-2 和 trans-3 另外两种结构。

第一个副本模拟得到了与上述相同的 trans-DNA-1 结构。在另外两个副本中，还观察到了两个新的稳定的反式 DNA 结构，它们的 RMSD 和 RMSF 如图 B9、B10所示。其中一个标记为 trans-DNA-2（见图 8.8c），5R，6R-Tg 和 A19 之间Watson-Crick 氢键发生断裂，但是其 6-O6H₀₆ 与 A19 的 N1 之间形成了一个新的氢键，键长大约为 2.13±0.25Å。其中，Tg 的 O2 和 O4 原子附近有两个水分子。此外，第三种结构标记为 DNA-trans-3，如图 8.8d 所示。这种结构保持了平面 Tg 与 A19 的 Watson-Crick 氢键，并且几乎没有水分子靠近 Tg 碱基。Trans-DNA-2 和-3 中 Tg 与 A19 的平均氢键能约为 $-11.2\sim-12.8$ kcal mol^{-1}（见图 8.11c、8.11d 和表 B4）。相应的 DFT 计算值分别为 -13.4 和 -13.7 kcal mol^{-1}。进一步的分析表明，trans-DNA-3 中 trans-5R，6R-Tg 差向异构体对相邻碱基对的稳定性几乎没有影响，而 trans-DNA-2 对 3′碱基对有一些干扰。

通过结构的重叠可以看出 trans-DNA-3 与 DNA-thy 重叠良好（见图 B5d），而 trans-DNA-1 的构象在很大程度上偏离天然的 DNA 双链（DNA-thy）（见图 B5b）。Trans-DNA-1 的畸变主要表现为稳定的 C20/G5 Watson-Crick 碱基对转变为 trans-5R，6R-Tg 和 C20 与 A19 之间的新氢键结构（见图 8.8b）。这也导致 trans-5R，6R-Tg 与 A19 之间的氢键强度降低。Trans-DNA-2 结构也存在类似情况（见图 8.8c）。这些结果表明，trans-DNA-1 和 trans-DNA-2 的稳定性应低于具有典型 Watson-Crick 氢键碱基对的 trans-DNA-3。对此，我们通过计算 G5/C20、Tg/A19 和 G7/C18 三对核苷酸总能量，估计了三种 trans-DNA 的稳定性。它们的相对稳定能分别为 0.0、-6.4 和 -29.3 kcal mol^{-1}，分别对应于 trans-DNA-1、-2 和-3，稳定性顺序与 DNA 的变形程度一致。

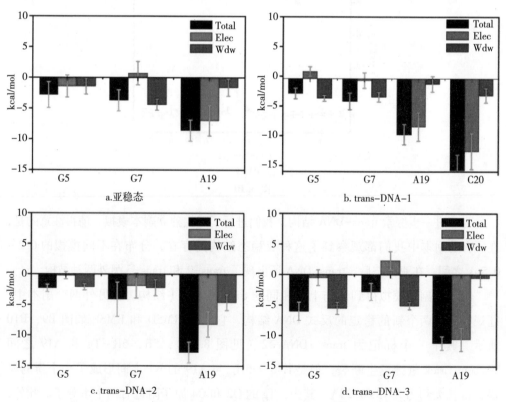

图 8.11　trans-5R，6R-Tg 与相邻的 G5，G7 和 A19 相互作用能的分解

8.3.3 翻转自由能计算

碱基翻转是核酸研究中一个最关键的内容，了解 Tg 差向异构体从双链 DNA 中翻转的动态过程，可以进一步了解修复酶和聚合酶对修饰核酸的识别机制。为了解决这个问题，本部分我们使用 meta-eABF 分别计算 ci-DNA 和 trans-DNA 分子中 5R-Tg 翻转的自由能，并计算了天然 DNA 中 T 翻转的自由能垒作为对比。

根据前人的研究，我们分别用 30、40、50、60、100 和 120ns 的 meta-ABF 研究了 cis-5R，6S-Tg 从 DNA 双链中翻转的自由能势能面（FES）（见图 B11）。对于小于 40ns 的模拟时间，自由能表面没有完全收敛。当时间增加到 50ns 时，显示出 4.7kcal mol^{-1} 的自由能垒，这比使用 40ns 获得的自由能垒略高（1.7kcal mol^{-1}）。当模拟时间增加到 60ns 时，得到的 FES 显示出 4.9kcal mol^{-1} 的自由能垒，与 50ns 模拟非常相似。通过进一步延长模拟时间（100ns 和 120ns）进行的对比研究表明，得到的 PMF 为 4.4~4.5kcal mol^{-1}，与 60ns 模拟的结果非常接近。此外，来自 60ns 模拟的天然胸腺嘧啶翻转 FES 显示出 5.4±0.2kcal mol^{-1} 的自由能垒，这与最近的研究（5.3~7.5kcal mol^{-1}）以 CPDb 二面角作为反应坐标计算得到的结果（7.1kcal mol^{-1}）相当（见图 B13）。

在 PMF 曲线的①点（见图 8.12a）中，cis-5R，6S-Tg 被氢键和碱基堆积相互作用所稳定，在识别区域中未观察到水分子。从这点开始，必须克服一个 4.9kcal mol^{-1} 的位垒才能破坏 Tg 与 A 之间的互补氢键到达②。这与天然 DNA 中 T 碱基翻转要克服的势垒相当（5.4kcal mol^{-1}，见图 8.12b）。此时，水分子形成了氢键桥，将 A19 与 cis-5R，6S-Tg 连接起来，这削弱了 Tg：O4 与 A19：NH$_2$ 的氢键（键长由 1.94Å 变为 2.30Å），同时使得 Tg：H3…N1：A19 的氢键变弱（键长由 2.13Å 变为 2.32Å）。随着两个碱基距离的增加，第二个水分子进入 Tg-5R，6S-Tg 和 A19 之间，这使得 Waston-Crick 氢键遭到完全破坏，而 Tg 与 A19 之间仅仅是通过 H$_2$O 形成的氢键桥连接。这种由 H$_2$O 形成的氢键桥很容易断裂，氢键断裂后，势能面上出现一个不明显的盆地（③），（见图 8.12a）。随着越来越多的水分子渗透到 Tg 周围，溶剂化的 cis-5R，6S-Tg 从螺旋中翻转出来，被水分子包围，由此 PMF 曲线达到最低点。显然，水介导的氢键有助于降低 cis-5R，6S-Tg 翻转的屏障。我们得出结论，cis-5R，6S-Tg 与 T 从未受损的双链 DNA 中翻转出来的需要克服的能垒相当，这意味着 cis-5R，6S-Tg 差向异构体在双链 DNA 中应该非常稳定。有趣的是，在计算 PMF 的过程中，我们观察到 cis-5R，6S-Tg 的 5-CH$_3$ 基团在轴向构象和赤道构象之间移动（见图 B14），这可能来自环境水分子与 6-OH 的氢键作用。

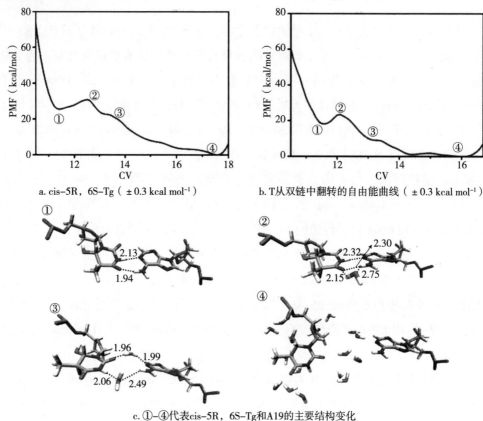

a. cis-5R，6S-Tg（±0.3 kcal mol⁻¹）

b. T从双链中翻转的自由能曲线（±0.3 kcal mol⁻¹）

c. ①－④代表cis-5R，6S-Tg和A19的主要结构变化

图 8.12

我们用同样的方法计算了 trans-5R6R-Tg 翻转的过程。对于 trans-DNA-1，局部稳定的 trans-5R，6R-Tg/C20/A19 在①点就被溶剂化（见图 8.13），一个 H_2O 与 Tg 的 6-OH 形成一个强氢键。随着 CV 的变大，需要克服 1.0kcal mol⁻¹ 的势垒以打破 trans-5R，6R-Tg 与 C20 和 A19 碱基之间的氢键。在第一个峰顶②，第二个 H_2O 接近 Tg 的 O4。第二盆地③非常浅，此时 Tg 与 A19，C20 之间的氢键失去，然后 trans-5R，6R-Tg 碱基完全溶剂化（④）。1.0 的低势垒与 4.9 和 5.4kcal mol⁻¹ 的势垒高度形成鲜明对比，说明 trans-5R，6R-Tg 从 trans-DNA-1 翻转出来只需要克服较低的能垒，也就是说 trans-5R，6R-Tg 可能自发地发生翻转。我们进一步计算了 trans-5R，6R-Tg 从 tran-DNA-2 和-3 中翻转的位垒，得到的结果分别为 4.1 和 5.2kcal mol⁻¹。

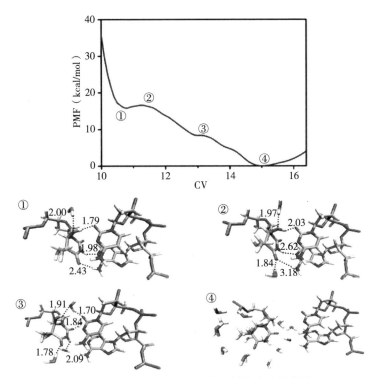

图 8.13　trans-5R，6R-Tg 从 trans-DNA-1 中翻转的自由能曲线（0.3kcal mol^{-1}），

①-④代表了 trans-5R，6R-Tg 与 A19、C20 的主要结构变化

DNA 双螺旋有很强的柔性，可以在溶液中以多种构象存在。对于目前研究的 trans-DNA，观察到三种稳定的 DNA 双螺旋结构。它们很可能处于溶液中的热力学平衡，其比例取决于玻尔兹曼分布。因此，扭曲程度更明显的 trans-DNA-1 的分布应小于 trans-DNA-2 和-3 的分布。值得关注的是，trans-DNA-1 中 trans-5R，6R-Tg 碱基翻转的自由能垒高度显著低于 trans-DNA-2 和-3，这意味着 trans-DNA-1 一旦形成，trans-5R，6R-Tg 就很容易从其中翻转出来。我们的研究证明，在 NMR 实验中观察到 DNA 中的 5R-Tg 碱基在螺旋外的情况，应该来源于包含 trans-5R，6R-Tg 的 DNA 双螺旋。

使用 Curves+进一步分析了所得构象的结构参数，相关数据见表 B5。可以看到，trans-DNA-1 的 Tg：A 碱基对内的旋转（buckle）、打开（opening）等参数明显比 DNA-thy 和 cis-DNA 高，这导致 Tg 附近的构象发生显著变形。由于这些变化，trans-DNA-1 的大沟宽度（major groove）增加到 18.6Å，而天然 DNA 的大沟宽度仅为 11.6Å。众所周知，更宽的大沟被证明更有利于碱基翻转，这一明显的变化很好地解释了 trans-DNA-1 中 Tg 翻转只需要克服一个很小的位垒。我们采用 CPDb 来研究 Tg 翻转的途径（见图 8.14）。我们可以看到，对于天然的 T 碱基，它可以通过大沟和小沟两条路径翻转，但是通过小沟路径翻转的概率要明显小于通过大沟路径翻转的概率。而 cis-5R，6S-Tg 和 trans-5R6，R-Tg 的碱基翻转主要通过大沟途径发生，目前的结果与以前的结论非常一致。

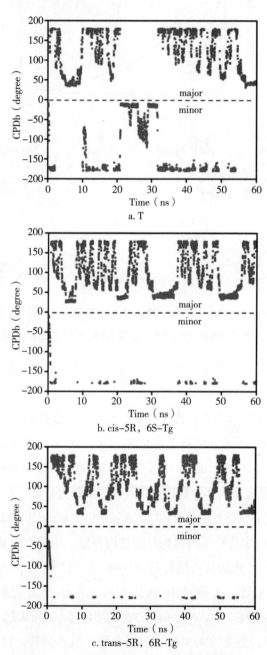

图 8.14　Tg/T 翻转过程中的 CPDb 角度的分布，

当翻转从大沟发生时 CPDb 为正值，当翻转从小沟发生时 CPDb 为负值

8.4   本章小结

本章以著名的胸腺嘧啶乙二醇的 5R 差向异构体对为例，利用分子动力学模拟结合可靠的 DFT 计算研究了其 5R 差向异构体对 DNA 双螺旋结构的影响。据我们所知，这是首次对包含 cis-5R，6S-Tg 和 trans-5R，6R-Tg 差向异构体在内的 DNA 双螺旋结构进行比较研究。我们的研究清楚地证明，由于 5R-Tg 核苷酸中的 6-OH 与 O5′，O4′ 之间形成了更强的氢键，5R-Tg 的 5-CH$_3$ 基团在能量上更倾向于赤道构象。

研究还表明，含有 cis-5R，6S-Tg 的双链 DNA 与相应的天然 DNA 具有相当的稳定性。能量分解分析表明，Elec 和 vdW 相互作用对于稳定 cis-5R，6S-Tg 与双链 DNA 的作用贡献相当。对于包含 trans-5R，6R-Tg 的双链 DNA，在我们的 MD 研究中观察到三种稳定的双链结构，在这三种结构中都观察到了 trans-5R，6R-Tg 与 A19 受水分子的影响而形成一个拱形氢键，这可能与 NMR 观察到的质子交换有关，作为一种亚稳态结构，这种构象并不稳定，随着模拟时间的延长，我们在 trans-DNA-1 中发现了最稳定的局部结构，表明 trans-5R，6R-Tg 与 A19 和 C20 碱基之间存在复杂的氢键网络，这种局部稳定结构得到了量子化学计算的证明，根据量子化学计算和对 MD 模拟的数据进行分析，这种复杂氢键的总相互作用能大概在 24.6 ~ 25.6kcal mol^{-1}，这同时表明 Tg 对 DNA 双螺旋结构的影响受碱基序列影响。

Meta-eABF 自由能计算表明，cis-DNA 中 cis-5R，6S-Tg 从双链 DNA 中翻转出来的势垒约为 4.9kcal mol^{-1}，这与天然 DNA 中 T 碱基翻转要克服的自由能垒（5.4kcal mol^{-1}）相当，表明 cis-5R，6S-Tg 稳定在双链 DNA 中不容易自发翻转到螺旋外。然而，包含 trans-5R，6R-Tg 的双螺旋 DNA 在溶液中可能有多种稳定构象，根据结构不同，trans-5R，6R-Tg 从双螺旋 DNA 中翻转出来的能垒为 1.0 到 5.2kcal mol^{-1}。由于大沟变宽等明显的结构扭曲，拥有局部最稳定结构的 trans-DNA-1 最容易发生 Tg 的翻转。这些结果提供了 DNA 双链中 5R-Tg 差向异构体对的详细结构信息，解释了实验中观察到的现象，为理解酶对 5R-Tg 差向异构体的识别和修复提供了参考。

9 5S-Tg 对 DNA 双螺旋结构的影响[①]

9.1 引言

一旦 DNA 双链中存在错配或受损的碱基，DNA 的双螺旋结构会发生明显的变化，基因的稳定性和功能可能在很大程度上改变。错配和损伤还可能导致碱基翻转的发生，通常碱基翻转被认为是影响 DNA 转录和复制过程的早期事件。对于碱基翻转的机制，由于错配或受损的碱基配对减弱，有人假设这种碱基以一定的概率自发地从 DNA 双链中翻转出来，因此，蛋白质识别并捕获完全翻转的碱基，进行进一步的修复。然而，也有研究者认为碱基翻转是因为酶的催化作用。这种持续的争论一定程度上是因为缺少目标碱基及其相邻分子的静态和动态结构。因此，受损 DNA 的结构动力学的准确信息具有高度的重要性。

Tg 是胸腺嘧啶的主要氧化产物。由于 C5 和 C6 原子的手性，Tg 以两对顺反立体异构体混合物的方式存在——5R 顺反异构体对（5R，6S：5R，6R）和 5S 顺反异构体对（5S，6R：5S，6S）。根据研究，在 γ 辐射的情况下，5S 和 5R 异构体在 DNA 中几乎等量形成。Tg 可以阻断 DNA 聚合酶，同时这种立体分子也可以影响 DNA 修复酶对其的识别和切除。

实验上研究碱基翻转的手段有荧光相关光谱（FCS）与荧光共振能量转移（FRET）相结合方法及 NMR 方法。然而，由于灵敏度的问题 FRET-FCS 对于碱基翻转的研究极其困难，而 NMR 实验测得的可能只是碱基的摆动或者呼吸作用。根据单个碱基对稳定性的不同，碱基螺旋外的寿命为微秒级，而在螺旋内的寿命为毫

① Wang, S. D., Zhang, R. B., Leif A. Erikson. Constructing Markov State Models to elucidate Stability of the DNA Duplex Influenced by the Chiral 5S-Tg base. Nucleic Acids Res，2022（16）.

秒至数百毫秒。因此，目前实验上研究碱基翻转是很难的，而理论研究碱基翻转主要借助于增强性取样等方法。增强性取样方法可以得到碱基翻转的动力学和热力学相关信息，但是也可能丢失一些重要的动力学信息。马尔科夫模型不需要事先定义反应坐标，从而避免了对整个动力学性质的简化或者偏差，同时，其不必假设全局平衡，而是假设 MD 在每个微观状态为局部平衡，因此可以选取沿着变化的不同初始构象作为起点进行短的模拟，然后组合这些轨迹，MSMs 对观察到的状态进行成簇聚类，然后构建动力学矩阵，分析系统的热力学和动力学信息，它可基于较短时间的模拟来预测长时间尺度范围内的动力学过程，近来马尔科夫模型被成功地用于描述生物分子的动力学和热力学过程。

在本部分工作中，我们首先用全原子分子动力学分别研究了 cis-5S6R-和 trans-5S，6S-Tg 差向异构体（见图 9.1）的静态和动态结构和能量。2μs 模拟结果表明，trans-5S，6S-Tg 保持在螺旋内，并且仍然与腺嘌呤形成 Watson-Crick 碱基对。然而，包含 cis-5S，6R-Tg 的 DNA 发生明显的变形，同时观察到 Tg 翻转到螺旋外。meta-eABF 计算表明，这两种差向异构体的稳定性完全不同，trans-5S，6S-Tg 碱基翻转的势垒高度约为 4.4kcal mol^{-1}，与相关胸腺嘧啶碱基翻转的势垒高度 5.4kcal mol^{-1} 相当。然而 cis-5S，6R Tg 翻转是自由势垒，或者只需要克服 1.2kcal mol^{-1}，这取决于 Tg：$O6H_{O6}$ 旋转衍生的构象结构。为了进一步研究 Tg 翻转的动力学信息，我们进行了 6 条 1.5μs 的模拟（总共 9μs），并对模拟得到的全部轨迹进行了马尔可夫建模和通量分析，以确定亚稳态及其过渡通量路径。此外，我们还计算了各态分子间相互作用、核酸结构参数和自由能，以探索碱基相互作用和与碱基翻转相关的构象变化。我们的研究首次揭示了双链中受损碱基翻转的动力学过程，并表明 Tg：$O6H_{O6}$ 的旋转对 DNA 双螺旋的稳定性具有重要意义，这与之前的假设一致。结合我们之前的工作，我们系统地研究了 5′GTgG3′序列中，Tg 四种立体异构体对 DNA 双螺旋结构的影响，这对理解 Tg 这一著名的氧化损伤对聚合酶的阻断和修复酶的立体选择性具有重要意义。

a. 5R-Tg碱基对

```
     1   2   3   4   5      6      7   8   9  10  11  12
5′- G - T - G - C - G -    X    - G - T - T - T - G - T -3′    X=Tg
3′- C - A - C - G - C -    A    - C - A - A - A - C - A -5′
    24  23  22  21  20     19     18  17  16  15  14  13
```

b.研究使用的DNA的序列

图 9.1

9.2　研究方法

　　基于 cis-5R，6S-Tg 突变得到了包含 5S-Tg 的 DNA 双螺旋分子，每个 DNA 分子分别放入大小为 59×63×44 的长方体盒子中，然后向水盒子中添加 22 个 Na^+ 中和磷酸基团的负电荷，最后向盒子添加 0.15M NaCl 以模拟细胞内环境。DNA 与盒边缘之间的最小距离为 10Å。对于非键相互作用，使用截止半径为 12Å 的周期性边界条件，Ewald（PME）算法用于处理静电相互作用，氢原子的键通过 shake 算法进行约束，步长为 2fs。在固定溶质分子的情况下，采用共轭梯度法首先对水分子进行 1000 步的能量最小化，然后再对整个系统进行 1000 步的能量最小化。接下来，在溶质固定的正则系综（NVT）中，从 0 到 298K 进行 500ps 的加热过程后，进行了一系列谐波约束等温等压系综（NPT）模拟，以实现溶质自由度的受控释放。用于约束的标度分别为 5.0、1.0 和 0.5kcal $mol^{-1} \cdot Å^{-2}$。在每个约束条件下，使用 NPT 系综进行 500ps MD 模拟。利用 Langevin thermostat 方法保持系统恒温，Langevin piston Nosé-Hoover 方法保持系统的压力。对于 trans-DNA（包含 trans-5S，6S-Tg），首先进行 1μs MD 模拟，然后进行一次独立的 1μs 副本模拟以验证初始结果。对于 cis-DNA（包含 cis-5S6R-Tg），首先进行了 1.5μs 长度的初始模拟，随后进行了 5 次独立长度为 1.5μs 的副本模拟，全部总的模拟达到 11.0μs。除了平衡 MD 外，还基于增强采样动力学 meta-eABF 计算了 Tg 碱基翻转的自由能。

　　Tg 异构体参数按照 CHARMM 程序中规定的参数化顺序拟合。首先在 MP2/6-31G*水平下分别对 cis-5S，6R-Tg 和 trans-5S，6S-Tg 的结构进行优化，然后在 HF/6-31G*水平下通过计算分子与 TIP3P 水的相互作用拟合原子的电荷，在 MP2/6-31G*水平下通过计算分子的海森矩阵拟合键长和键角，最后使用 MP2/6-31G*方法对分子的二面角进行刚性扫描，扫描步长为 10°，根据扫描得到的势能面拟合得到二面角的数据。Lennard-Jones 参数和扭转角从 CGenFF 中获得，所有的拟合都在 ffTK 插件中进行，所有不相同的原子都被重新定义为新的原子类型。

利用 pyEMMA 软件建立了马尔可夫模型。Maximum Likelihood Estimation（MLE）算法估计微观状态簇上的转移率来生成 Bayesian Markov model 模型，PCCA+算法将微观状态簇进一步聚类到宏观状态。利用 Chapman-Kolmogorov 对建立的马尔可夫模型进行了交叉验证，并使用最佳生成马尔可夫模型计算亚稳态之间的通量。为了区分亚稳态并理解构象转变，利用波动相关网络和结合相互作用研究检索和分析了 300 个来自每个亚稳态的构象样本。采用时滞独立分量分析（TICA）进一步降维。TICA 是一种强大的降维算法，可提取长寿命成对接触距离的最具运动相关性的线性组合。首先，TICA 根据给定的一组无均值输入数据 $r(t)$（例如，长寿命成对距离）计算时间滞后协方差矩阵 $C(\pi)$，时间 t 的元素如下：

$$C_{ij}(\tau) = <r_i(t)r_j(t+\tau)> = \sum_{t=1}^{N-\tau} r_i(t)r_j(t+\tau) \tag{9.1}$$

π 是迟滞时间 N 代表总的数据量：

$$C(\tau)U = C(0)U \wedge \tag{9.2}$$

其中 U 是一个特征向量矩阵，由作为列的时滞独立分量（ICs）组成，$\wedge$ 是一个对角特征值矩阵。然后将数据集 $r(t)$ 投影到 TICA 空间，使变换后的坐标的自相关性最大化，我们通过只选择 U 的前几列的子空间来减少到所需的维数。

$$z^T(t) = r^T(t)U \tag{9.3}$$

宏观状态也被称为亚稳态，因为它们代表了系统动力学中的长寿命状态。在 MD 模拟中，亚稳态通常包含分子构象的整个集合，这些分子构象在集合内快速转换，在集合之间缓慢转换。这些系综近似映射到自由能面（FES）的不同盆地，它们的稳定概率 π 对应于它们的玻尔兹曼权重。每个亚稳态（Si）的自由能由其稳态 MSMs 概率 π 计算得出，关系式如下：

$$\Delta G(s_i) = -k_B Tln\Big(\sum_{j \in S_i} \pi_j\Big) \tag{9.4}$$

其中 π_j 表示 MSMs 每个宏观态的概率。

DNA 构象分析使用 Curves+，所有 MD 模拟均使用 NAMD 2.14-cuda 和 Colvar 模块进行，结构显示使用 VMD 1.9.3，根据之前对核酸的研究，我们整个模拟使用的是 CHARMM36 通用力场。

9.3 结果与讨论

9.3.1 trans-5S，6S-Tg DNA 双链的分子动力学模拟

首先对含有 trans-5S，6S-Tg 的 DNA 双链进行 1.0μs 的产物模拟，均方根偏差（RMSD）被用来监测系统的稳定性。如图 9.2 所示，RMSD 的标准偏差小于 0.5Å，根据之前的研究，我们基于最后 0.1μs 模拟的轨迹进行了详细的数据分析。此外，还计算了均方根波动（RMSF），显示双链末端核苷酸的波动最大。我们进一步对 trans-5S，6S-Tg 与其相邻的 G5、G7 和 A19 碱基的相互作用能进行分解（见图 9.3a 和表 C1）。trans-5S，6S-Tg/A19 之间形成的 Watson-Crick 氢键能约为 -11.1 ± 1.4kcal mol^{-1}，与 M06-2X/6-31+G（d，p）水平下计算得到的 -13.8kcal mol^{-1} 相当。值得注意的是，trans-5S，6S-Tg：O6H$_{O6}$ 与 N7：G7 之间的总相互作用能高达 -13.8 ± 2.2kcal mol^{-1}，这是因为它们之间形成了核苷间氢键，且这一氢键在整个模拟过程中的占有率高达 90.3%。Tg 与 G5 的相互作用能达到 -6.4 ± 1.7kcal mol^{-1}，trans-5S，6S-Tg 与相邻 G5、G7 和 A19 总的相互作用能达到 20.2kcal mol^{-1}，这表明碱基之间的氢键和范德华（vdW）效应有利于双链 DNA 中 5S，6S-Tg 结合的稳定。1μs 的副本模拟给出了相似的结果（RMSD 和 RMSF 见图 C1）。

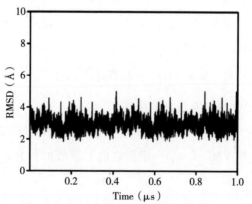

a.含trans-5S，6S-Tg的双链DNA 1.0μs模拟的RMSD（2.97±0.41）

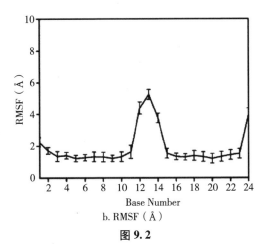

b. RMSF（Å）

图 9.2

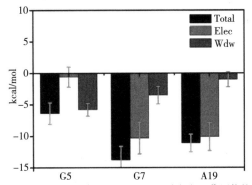

a. trans–5S，6S–Tg与相邻的G5，G7和A19之间相互作用能的分解

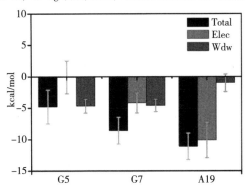

b. cis–5S，6R–Tg与相邻的G5，G7和A19之间相互作用能的分解（第一次模拟的0.32~0.79μs）

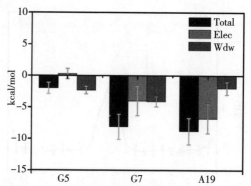

c. cis-5S，6R-Tg与相邻的G5，G7和A19之间相互作用能的分解（第一次模拟的0.79~0.80μs）

图 9.3　相互作用能的分解

9.3.2　cis-5S，6R-Tg DNA 双链的分子动力学模拟

与 trans-5S，6S-Tg 不同，cis-5S，6R-Tg 对 DNA 双链的结构影响非常显著，1.5μs 模拟轨迹的 RMSD 曲线如图 9.4a 所示。Tg 和 A19 碱基之间的质心距离以及它们沿 1.5μs 轨迹的相互作用能也分别在图 9.4b 和 9.4c 中给出，该图也显示了 Tg 相对于螺旋的状态。如图 9.4b 和 9.4c 所示，cis-5S，6R-Tg 碱基翻转发生在②、④和⑧区域（约 0.05−0.075、0.17−0.24、0.8−1.5μs）。在⑥和⑦区域中 Tg 位于螺旋内，但是有两种不同的局部结构。其中，在区域⑥cis-5S，6R-Tg 与 A19 仍然保持经典 Watson-Crick 碱基对，同时在该区域也观察到 cis-5S，6R-Tg 核苷中的 Tg：$O6H_{O6}\cdots O4$：Tg 氢键。另一种 DNA 构象主要存在于区域⑦，⑦反应了一种具有特定的短寿命 Tg：$O6H_{O6}\cdots N1$：A19 氢键。它们的结构如图 9.5b 所示。这两种氢键也可以在①和③区域观察到。溶剂可及表面积（SASA）通常是翻转转变的有用描述符，图 9.6a 显示了 Tg/A19 的 SASA 随着模拟时间变化的曲线，这些结果清楚地表明 cis-5S，6R-Tg 在双链 DNA 内或外都有一定的概率分布，这一结果与实验的结论一致。我们还用 CPDb 二面角对 Tg 翻转的路径进行了统计，得到的结果如图 9.6b 所示，大于 0°代表翻转通过大沟方向，相反为小沟方向，可见大沟仍然是 cis-5S，6R-Tg 翻转的首选路径。

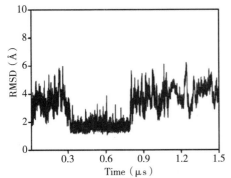

a. 1.5 μs模拟过程中cis-5S，6R-Tg DNA RMSD的变化

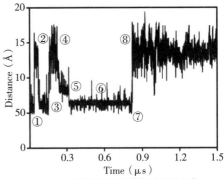

b. Tg与A19碱基距离随模拟时间的变化

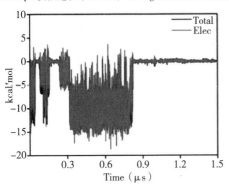

c. Tg与A19碱基相互作用能随模拟时间的变化

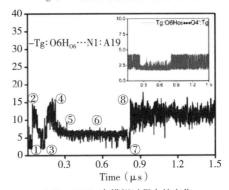

d. Tg：O6H_{O6}在模拟过程中的变化

图 9.4

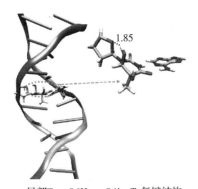

a.局部Tg：O6H_{O6}···O4′：Tg氢键结构

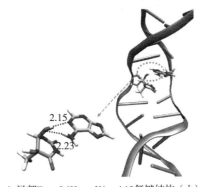

b.局部Tg：O6H_{O6}···N1：A19氢键结构（Å）

图 9.5

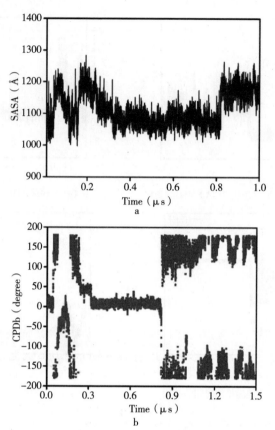

图 9.6 1.5μs 模拟过程中（a）trans-5S，6R-Tg/A 的溶剂可及表面积（SASA）和（b）翻转路径

根据之前的研究，目标碱基与相邻碱基的 π 堆积相互作用可能是影响碱基翻转过程的主要因素之一。基于局部稳定结构，我们分别计算了区域⑥cis-5S，6R-Tg 与 G7、G5 和 A19 碱基的能量分解，该区域的寿命约为 0.5μs。如图 9.3b 和表 C2 所示，cis-5S，6R-Tg 和 A19 之间的氢键强度与 cis-5S，6R-Tg 和 A19 之间的氢键强度相当。主要区别在于 cis-5S，6R-Tg 与 G5 和 G7 的相互作用明显弱于含有 trans-5S，6S-Tg 的螺旋中相应的对应物，而对于 0.79~0.80μs 阶段，cis-5S，6R-Tg 与 G5 和 G7 的相互作用继续减弱（见图 9.3c），这意味着 cis-5S，6R-Tg 与双螺旋结合的能力减弱，这种差异可能是导致其与 trans-5S，6S-Tg 对双螺旋 DNA 影响完全不同的原因。整个 1.5μs 模拟过程中 Tg 与 G5 和 G7 的相互作用随时间的变化如图 9.7 所示。

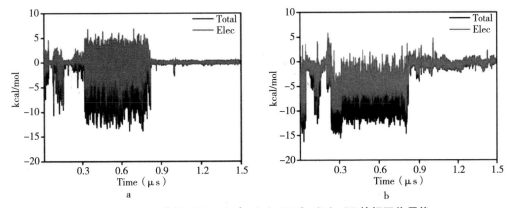

图 9.7 1.5μs 模拟 5S6R-Tg 与（a）G5 和（b）G7 的相互作用能

9.3.3 自由能计算

我们注意到，从保持局部 Waston-Crick 结构的区域⑥到出现 Tg 碱基翻转的区域⑧的转变过程中，6-OH 发生了明显的旋转，从与自身的 O4′ 形成氢键转变为与 A19 的 N1 形成氢键，这种旋转破坏了原有的 Waston-Crick 氢键并导致 Tg 与 A19 之间的距离由 10.9Å 变为 9.4Å，说明对 DNA 的构象产生了重要影响。为了深入研究这种影响，我们用 meta-eABF 沿着 H6-C6-O6-H_{06} 二面角变化进行了增强性采样动力学模拟，以估算自由能变化与 H6-C6-O6-H_{06} 旋转的关系（见图 9.8）。沿着反应坐标，PMF 在约 -80°（或 280°）和 +90° 有两个势能面上的极小值，这两个极小值分别对应于局部低能的 cis-5S6，6R-Tg：$O6H_{06}$⋯O4′：Tg 和局部高能的 cis-5S6，6R-Tg：$O6H_{06}$⋯N1：A19 构象，也就是图 9.4b 的区域⑥和区域⑦的构象。DFT 计算也证明了该结构的稳定性（见图 C2）。我们注意到这两种构象之间的自由能差仅为 1.5kcal mol^{-1}，有利于与局部 cis-5S6，6R-Tg：$O6H_{06}$⋯O4′ 向 cis-5S6，6R-Tg：$O6H_{06}$⋯N1：A19 构象的转变。然而，从最低的 -80° 开始，6-OH 需要克服高度为 5.3kcal mol^{-1} 的能垒才能达到高能构象，而相反的过程最低只需要 3.8kcal mol^{-1}。因此，具有 cis-5S6，6R-Tg：$O6H_{06}$⋯O4′：5S-Tg 氢键在 1.5μs 的生成轨迹内应具有更多的概率分布。

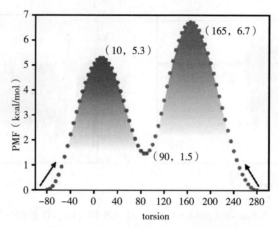

图 9.8　cis-5S6R-Tg DNA 中 H6-C6-O6-HO6 转动的自由能曲线

为了进行比较，还对 trans-5S，6S-Tg DNA 系统沿 H6-C6-O6-H$_{06}$二面角变化进行了 meta-eABF 模拟（见图 9.9）。在 PMF 曲线上也观察到两个极小值，它们与 Tg：O6H$_{06}$键状态有关。不同的是，在 90°（或-270°）附近的低能构象中，对应于 Tg：O6H$_{06}$与 N7：G7 形成氢键的构象。而能量相对较高的构象出现在-70℃左右，对应于 6-OH 悬浮在大沟位置并被水分子溶剂化。值得注意的是，这种高能构象的能量比低能构象要高 4.4kcal mol^{-1}，从低能构象到高能构象转变最低需要克服的能垒为 6.5kcal mol^{-1}。因此，与 cis-5S，6R-Tg 的情况不同，trans-5S，6S-Tg：O6H$_{06}$可能不易发生旋转，因此也不能有效干扰 DNA 螺旋。

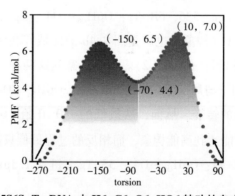

图 9.9　5S6S-Tg DNA 中 H6-C6-O6-HO6 转动的自由能曲线

为了进一步研究 5S-Tg 翻转，我们还分别计算了 trans-5S，6S-Tg 和 cis-5S，6R-Tg 从 DNA 双螺旋翻转的自由能。可以看出，trans-5S，6S-Tg 翻转的势垒高度为 4.4kcal mol^{-1}（见图 9.10c），接近完整 DNA 双链中胸腺嘧啶碱基翻转的 5.4kcal mol^{-1}，说明其并不容易自发翻转。而对于 cis-5S，6R-Tg，图 9.10b 表示 cis-5S，6R-Tg

从双链中 cis-5S，6R-Tg：$O6H_{06}$…N1：A19 的高能构象碱基翻转的自由能曲线，这种翻转几乎无位垒，图 9.10a 表示了从双链中 cis-5S，6R-Tg：$O6H_{06}$…$O4'$ 的低能构象，大概需要克服 1.2kcal mol^{-1} 的自由能垒，这一势垒高度接近 2.0kBT（T=298K）。cis-5S，6R-Tg 和 A19 之间的质量中心距离为 12.1Å 时对应于氢键的断裂，其大于高能构象中观察到的 9.4Å。因此，cis-5S，6R-Tg 碱基翻转可以通过从高能构象无位垒发生或通过从低能构象低位垒发生。为了对比，我们使用 CPDb 二面角作为反应坐标计算了 Tg 翻转的自由能（见图 C4），得到的结论完全一致。

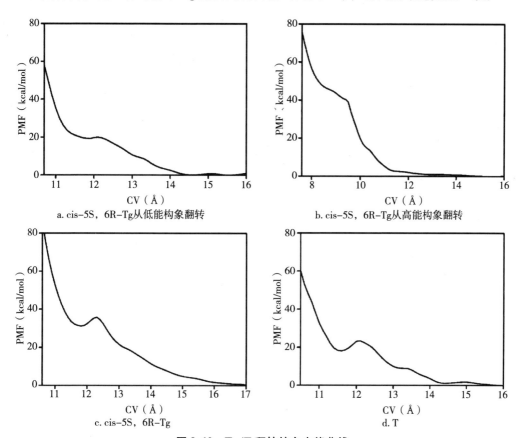

a. cis-5S，6R-Tg从低能构象翻转

b. cis-5S，6R-Tg从高能构象翻转

c. cis-5S，6R-Tg

d. T

图 9.10　Tg/T 翻转的自由能曲线

9.3.4　马尔科夫模型分析

由于在核酸的稳定结构中观察到碱基翻转的可能性较低，而增强性取样方法往往会丢失动力学模拟中的重要信息，因此研究碱基翻转对实验和计算方法都非常具有挑战性。马尔可夫模型（MSMs）在描述生物分子动力学景观和亚稳态之间的转换方面非常有效，在本部分我们使用 PyEMMA 2.5.7 软件建立了马尔可夫模型

（MSMs），以识别与动力学相关的亚稳态及其过渡速率。为了观察构象变化，我们对包含 cis-5S，6R-Tg 的体系进行 6 次独立的 1.5μs 全原子模拟（总共 9μs），根据全原子分子动力学的所有轨迹组合了一条包含 90000 帧的轨迹建立了 MSMs 模型。

MSMs 验证，实线对应于最大可能性的隐含时间尺度，而平均值绘制为虚线，平均值的 95% 置信区间绘制为阴影区域。如图 9.11 可见，隐含的时间尺度在 100ns 的迟滞时间收敛。

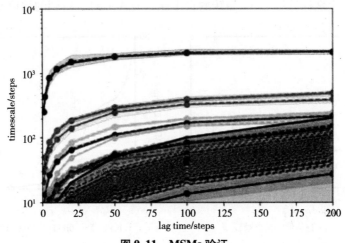

图 9.11 MSMs 验证

Tg 的所有原子与互补 A19 之间的距离被用作输入特征产生 54 个维度，使用 100ns 的迟滞时间进行时滞独立分量分析（TICA），并将特征维数减少到 30，90% 的相关动力学信息被保留用于分析。接下来，所有的 MD 模拟的构象都通过 k-means 聚类成 300 个微观状态，随后在不同的迟滞时间构建 MSMs 模型。如图 9.11 所示，迟滞时间在 100ns 达到平衡且基本保持不变，说明 100ns 是建立马尔可夫模型的合适迟滞时间。为了进一步验证马尔科夫模型的性质，我们通过 Chapman-Kolmogorow 检验交叉验证了马尔可夫模型的可信水平，如图 9.12 所示，曲线的预测线与模拟的实际曲线吻合良好，说明体系具有马尔科夫性质。因此，基于动力学相似性，使用 PCCA+（erron-Cluster cluster-Analysis）将 300 个微观状态分为 5 个宏观状态。然后，计算了自由能势能面，并将其投影到前两个 TICA 分量上。图 9.13a 提供了 cis-5S，6R-Tg 向翻转外翻转的自由能景观，宏观态位于势能面的极小值。宏观状态 1 代表初始状态，此时 Tg 与互补的 A19 通过 Watson-Crick 互补氢键作用，Tg 位于双螺旋内。宏观状态 2 的局部结构在 Tg 和 A19 之间有一个 Tg：$O6H_{O6}$⋯N1：A19 氢键，这与我们在 MD 轨迹中观察到的结构非常相似，Tg：$O6H_{O6}$⋯N1：A19 和 A19：

H61···O6：Tg 的长度分别约为 2.33Å 和 2.31Å，并接近 MD 模拟中获得的 2.15Å 和 2.23Å（见图 9.5b 和图 9.14②）。宏观状态 3 代表 Tg 已经发生翻转，而与其互补的 A19 仍然在双螺旋中。宏观状态 4 给出的结构显示 Tg 干扰了 5′G：C 碱基对的结构，如图 9.14④所示。其中，Tg 和 A19 之间的 Watson-Crick 氢键被完全破坏，而 Tg：O5H$_{05}$···N3：5′G 和 Tg：O4···H22：5′G 氢键在小沟侧形成，该结构与实验报道的 DNA 聚合酶中 Tg 与 5′G 形成的氢键结构非常相似。值得注意的是，Markov 得到的结构与晶体报道的 Tg 与 DNA 聚合酶中的结构非常相似，而这一结构解释了 Tg 通过与 5′G 的错位氢键阻断 DNA 聚合酶。宏观状态 5 代表 Tg 及其互补的 A19 发生翻转，Tg 发生翻转后，由于水分子占据了 Tg 的位置，A19 不可避免地会发生溶剂化，因此宏观状态 5 是非常可能的。利用 Curves+ 进一步分析了所获得状态的 DNA 结构参数，结果显示状态 2 和状态 4 的一些结构参数 stagger、buckle、opening、inclin、tip 远高于 DNA-thy，并且状态 2 和状态 4 的大沟宽度分别增加到 15.1 和 12.1Å，而在 DNA-thy 中为 11.6Å 见表 9.1。

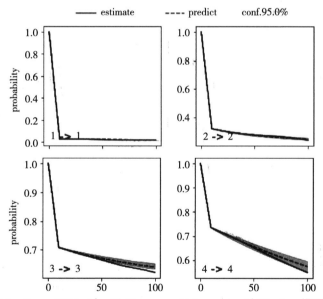

图 9.12 在 lag time=100ns 时，用 Chapman-Kolmogorov 对 Markov 模型的交叉验证

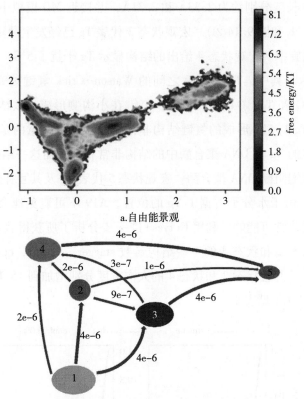

a.自由能景观

b.过渡路径通量分析，宏观状态之间的箭头表示
这对状态之间存在的概率通量，且箭头宽度与通量成正比

图 9.13

　　最后，为了理解 MSMs 模型中观察到的转变路径，我们进行了通量分析。图 9.13b 描述了 5 个状态之间的路径转换。因此，通量分析表明，在状态 1 和状态 5 之间转换的最可能路径只需要经过状态 3，概率约为 37.9%。其他三种可能的转换路径是 1→2→4→5，1→4→5 和 1→2→5，概率分别为 21.0%、19.5%和 12.3%。值得注意的是，我们在大多数模拟中都观察到了这些宏观状态，尤其是状态 2，通量分析显示涉及状态 2 的路径通量总的通量占 33.3%。正如前面所讨论，我们发现宏观态 2 的局部结构与我们在 MD 模拟中获得的高能构象的局部结构是一致的，这强烈表明 cis-5S，6R-Tg 翻转可能与 6-OH 有关。在之前的研究中我们也发现，由于 6-OH 的转动，5R，6R-Tg 可能导致 DNA 双螺旋的构象不稳定，并且 meta-eABF 也表明 Tg 翻转过程中 6-OH 与 H_2O 形成的氢键对翻转有重要影响。由于不同的 Tg 差向异构体的 6-OH 取向并不相同，因此这可能导致完全不同的结果。此外，状态 4 表示了一种 Tg 与 5′G 形成错位氢键的稳定结构，我们在 M062X/6-31+G 水平得到

的这一氢键的相互作用能大概为 $-19.5\text{kcal mol}^{-1}$，非常稳定。该结构可能是 Tg 脱离与互补 A 的氢键约束从大沟翻转出来，但是还没有被完全溶剂化之前形成的，从这一构象发生翻转的通量约为 $4\times10^{-6}\text{ns}^{-1}$，如果最终未发生翻转，可能导致 Tg 对聚合酶的阻断。

表 9.1 得到的 5 个宏观状态的结构参数

	Xdisp	Ydisp	Inclin	Tip	Ax-bend			
DNA-thy	0.76	0.89	11.5	2.1	1.6			
State1	0.21	0.61	16.4	9.2	3.4			
State2	1.79	0.35	−3	0.7	6.7			
State3	−5.05	3.3	41.2	41.5	5.4			
State4	−2.99	−1	2.2	8.5	1.4			
State5	−2.09	0.09	−29.1	−111.5	4.1			
	Shear	Stretch	Stagger	Buckle	Prople	Opening		
DNA-thy	0.16	−0.16	0.03	3.1	−11.1	−0.2		
State1	0.42	0.01	0.4	−29	−14.3	11.5		
State2	1.36	−2.64	4.11	−33	−9.5	16.1		
State3	−9.27	−0.58	−14.61	114.7	52.4	−81.7		
State4	−5.28	−4.82	−5.66	4.5	−23.1	−31.3		
State5	12.04	−23.34	15.62	−41	−100.6	18.8		
	Shift	Slide	Rise	Tilt	Roll	Twist	H-rise	H-Twi
DNA-thy	−0.37	2	3.74	0.4	−4.1	43	4	42.6
State1	−0.72	0.57	2.76	1.9	3.9	33.8	2.82	35
State2	−1.64	−1.1	4.36	7	12.4	−7.2	4.5	−7.2
State3	1.25	−3.08	7.66	−62.5	−6	78.9	4.98	85.2
State4	2.26	0.96	6.77	−8.1	0.8	61.7	6.49	62.3
State5	0.36	−0.16	−0.24	144.6	7.9	51.5	0.41	136.2
	α	β	γ	δ	ε	ζ	χ	Pha	Amp
DNA-thy	−61.2	−175.7	44.3	142.1	−90.3	178.4	−93.1	155.8	41.5

续表

State1	−51.7	−164	37.5	143.7	−170.5	−114.4	−95.9	149.4	34.4
State2	−53.3	178.9	38.7	81.9	−99.6	−142.6	−155.5	20.3	46.3
State3	59.5	161	70.7	81.5	178.6	146.9	−165	10.4	39.1
State4	−177.1	−170.2	54.1	83.1	−116.5	−113.8	−162.8	10.6	43.8
State5	32.9	−166	48.1	84.9	169.2	177.8	−173.6	−3.2	50.8
	Min−W	Min−D	Maj−W	Maj−D					
DNA−thy	7.9	5	11.4	4.8					
State1	8.9	3.5	9.6	6.9					
State2	9.9	−0.5	15.1	4.3					
State3	6.8	6.9	10.7	4.4					
State4	8	−1.4	12.1	5.4					
State5	3.7	5.3	8	4.1					

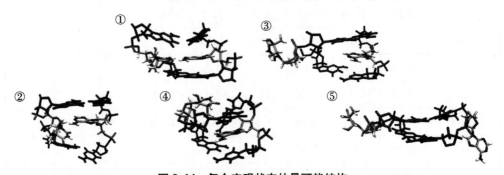

图 9.14　每个宏观状态的最可能结构

9.4　本章小结

在 γ 射线的辐射下，得到的 Tg 异构体中 5R 和 5S 在数量上是相当的，且 cis−5S，6R−Tg 和 trans−5S，6S−Tg 之间存在着相互转化。近来越来越多的研究表明，酶对 Tg 的修复是立体选择性的，因此本部分以著名的 Tg 氧化损伤为例，选择其 5S 异构体对，用分子动力学模拟研究了其对 DNA 稳定性的影响。据我们所知，这是首次对含有 cis−5S，6R−Tg 和 trans−5S，6S−Tg 的 DNA 双链体的结构进行比较研究。

研究表明，含有 trans-5S，6S-Tg 的 DNA 双链与天然 DNA 具有相当的稳定性。能量分解分析表明，分子间氢键相互作用在很大程度上促进了 trans-5S，6S-Tg 与双链 DNA 的作用。MD 模拟观察到两种稳定的含有 cis-5S，6R-Tg 的双链结构，高能构象中 Watson-Crick 氢键被破坏但生成了新的 Tg：O6H$_{06}$···N1：A19 氢键，而在低能构象中除经典 Watson-Crick 氢键还生成了新的 Tg：O6H$_{06}$···O4′氢键。DFT 计算证明了这两种构象的存在，自由能扫描表明这两种构象的选择受 Tg：O6H$_{06}$ 旋转影响。

翻转自由能计算表明，trans-5S，6S-Tg 碱基从双链 DNA 中翻转出来需要克服的自由能垒约为 4.4kcal mol^{-1}，这比天然 DNA 中 T 翻转需要克服的自由能垒（5.4kcal mol^{-1}）相当，表明 trans-5S，6S-Tg 稳定存在于双链 DNA 中。然而，受局部结构影响，cis-5S，6R-Tg 从双螺旋 DNA 中翻转出来的自由势垒从 0 到 1.2kcal mol^{-1}。考虑到含 cis-5S，6R-Tg 的差向异构体中的 6-O6H$_{06}$ 旋转势垒，Tg 从低能构象翻转的可能要大，而这一结果与 Markov 分析一致。本研究提供了含有 5S-Tg 异构体的 DNA 双链体的详细结构信息，并为理解 5S-Tg 对 DNA 聚合酶的阻断及修复酶对 5S-Tg 差向异构体的识别和修复提供了参考。

10 修复蛋白 hNEIL1 对 Tg:A 碱基对的识别

10.1 引言

生物体的 DNA 不断受到活性氧（ROS）的攻击，活性氧进攻 DNA 的一个重要产物是 5，6-二氢-5，6-二羟基胸腺嘧啶（胸腺嘧啶乙二醇，Tg）。据估计，每个细胞每天形成 400 个 Tg 分子，此外，Tg 是包括用于癌症治疗的各种电离辐射的主要产物，Tg 还能阻断 DNA 聚合酶。Tg 的修复可以通过核苷切除（NER）和碱基切除修复（BER），BER 是主要修复途径。在大肠杆菌中，核酸内切酶Ⅲ（Endo Ⅲ；Nth）和核酸内切酶Ⅷ（Endo Ⅷ；Nei）负责包括 Tg 在内的氧化嘧啶的修复，yNTG1 和 yNTG2 是 Endo Ⅲ 的直系同源体，从酵母菌中切除氧化嘧啶。在哺乳动物细胞中，Endo Ⅲ 同系物-NTH1 和 Endo Ⅷ 同系物-NEIL1、NEIL2 和 NEIL3（Nei-like）参与氧化嘧啶和嘌呤的修复。然而，研究表明，NTH1 在体外修复 Tg 的活性低于 NEIL1。hNEIL1 在三种人类 NEIL 蛋白中也是独一无二的，它以 S 期特异性方式增加，并对人类基因组中的氧化碱基进行复制前修复。越来越多的研究证明 hNEIL1 缺陷已导致多种异常，包括与癌症在内的严重人类疾病有关，因此更多研究关注 hNEIL1 的重要性。

最新的研究表明，DNA 错配会降低部分 DNA 畸变的能量成本，从而提高修复酶对受损 DNA 识别的修复概率，[①] 对于 Tg 这一著名损伤，修复酶 NTH1 和 NEIL1 酶都被证明对 Tg：G 的切除效率远高于对 Tg：A。在生物体内，Tg：G 主要来自与 G 互补的甲基化胞嘧啶氧化脱氨基生成，而 Tg：A 主要来自胸腺嘧啶直接氧化，因此

---

① Afek, A., Shi, H., Rangadurai, A., Sahay, H., Senitzki, A., Xhani, S., Fang, M., Salinas, R., Mielko, Z., Pufall, M.A., Poon, G.M.K., Haran, T.E., Schumacher, M.A., Al - Hashimi, H.M., Gordan, R. DNA mismatches reveal conformational penalties in protein-DNA recognition. Nature, 2020 (587).

Tg∶A 碱基对在生物学上更有意义。但是遗憾的是目前获得的包含 Tg 损伤的修复酶和 DNA 复合物结构中都是 Tg∶C 互补，而尝试得到 Tg∶A 的结构始终没有成功。[①]因此，Tg∶C 错配和 Tg∶A 的识别机制可能不同，而更有生物学意义的 Tg∶A 损伤虽然受到更多关注，却未见在分子水平上的报道。此外，碱基切除修复（BER）是保护基因组的第一道防线，许多研究证明修复酶对翻转到 DNA 双螺旋外的碱基进行 BER 修复，然而酶导致碱基翻转的机制仍然存在争议，一种假设认为蛋白质先结合 DNA 再识别损伤或错配，然后诱导碱基翻转进行修复，另一种假设认为蛋白质识别并捕获螺旋外的碱基，然后进行修复。DNA 的弯曲可以降低碱基翻转的自由能垒，但是在自然的情况下，弯曲 DNA 的丰度很低。因此，DNA 能否自发弯曲，这种弯曲在多大程度上降低碱基翻转的能垒？为了解决这些问题，我们基于晶体结构，构建了含有 Tg∶A 损伤的 B 型和弯曲型双螺旋 DNA 及其与 hNEIL1 酶的复合物结构，研究了在 5′ATgG3′序列中，5R，6S-Tg 对 DNA 双螺旋结构的影响，计算了 DNA 弯曲需要克服的自由能垒及弯曲对碱基翻转的贡献，讨论了修复酶对 Tg 的识别和修复机制。

10.2　研究方法

由于未见含 Tg∶A 损伤的 DNA 与修复酶复合物晶体结构的报道，我们基于最近报道 DNA/NEIL1 的晶体结构，构建了模拟所需的晶体结构。hNEIL1 是一种重要的修复酶，在已报道的其与 Tg 损伤的两种复合物中，都包含一条 13 个碱基对组成的 DNA 双链（5′C-G-T-C-C-A-Tg-G-T-C-T-A-C3′），其中有 Tg 翻转到蛋白质识别口袋中，翻转前与 Tg 互补的是胞嘧啶（C）。我们首先从上述报道的晶体复合物结构中提取双链 DNA，并把与 Tg 互补的胞嘧啶（C）突变为腺嘌呤（A）。然后，从上述构象开始，通过控制约束力使 DNA 不断松弛，最后在约束力为 0.005kcal/mol/Å² 时得到了弯曲 DNA 构象结构，这一结构维持了晶体结构中的弯曲构象（bent 约为 50°），且 Tg 与 A 形成典型的 Watson-Crick 氢键（见图 10.1b）。随后，我们又在没有约束力的情况下对得到的弯曲 DNA 进行了 50ns 的模拟，得到标准的 B 型 DNA（见图

---

① Zhu, C., Lu, L., Zhang, J., Yue, Z., Song, J., Zong, S., Liu, M., Stovicek, O., Gao, Y. Q., Yi, C., Tautomerization – dependent recognition and excision of oxidation damage in base – excision DNA repair. Proc. Natl. Acad. Sci. U. S. A., 2016（28）.

10.1a)。然后，用 B 型 DNA 替换复合物中的 DNA，得到包含 Tg：A 损伤的 B 型
DNA 与 hNEIL1 复合物晶体结构 C1（Complex 1）；用弯曲的 DNA（见图 10.1b）替
换复合物中的 DNA，得到包含 Tg：A 损伤的 DNA 与 hNEIL1 复合物晶体结构 C2，
两种复合物中，Tg 均与 A 互补，且在双螺旋内与 A 保持稳定的 Watson-Crick 氢键。
晶体结构中 DNA（包含 Tg：C）与蛋白质的复合物记为 C3。

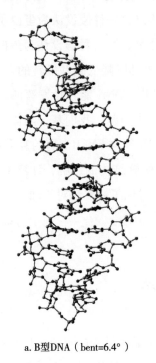 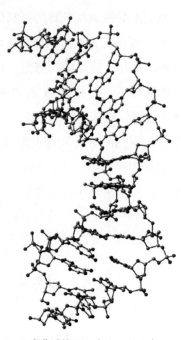

a. B型DNA（bent=6.4°）　　　　　　　b.弯曲后的DNA（bent=52.2°）

图 10.1

　　每个复合物分子分别放入大小约 80×85×75Å 的水盒子中，然后向水盒子中添加
Na⁺中和体系的负电荷，最后向盒子中添加 0.15M NaCl 以模拟细胞内环境，体系总
的原子数约 44000，DNA 与水盒子边缘之间的最小距离为 10Å。对于非键相互作用，
使用截止半径为 12Å 的周期性边界条件，使用 Ewald（PME）算法用于处理静电相
互作用，氢原子通过 shake 算法进行约束，步长为 2fs。通过 Langevin thermostat 方法
保持系统恒温，Langevin piston Nosé-Hoover 方法保持系统的压力。考虑到 CHARMM
力场对蛋白质和核酸的可靠性，本部分对于 DNA 体系始终使用 CHARMM 36 力场，
而对于蛋白质体系始终使用 CHARMM 36m 力场。Tg 根据通用 CHARMM 程序中规定
的参数化顺序进行参数化，并借助力场工具包（ffTK）进行拟合。Lennard-Jones 参
数和扭转参数是从 CGenFF 获得。除了平衡 MD 外，还基于 well-tempered-meta-eABF
方法计算了 Tg 碱基翻转的自由能。DNA 构象分析使用 Curves+，所有 MD 模拟均使用

NAMD 2. 14 multicore CUDA 和 Colvar 模块进行，结构显示使用 VMD 1. 9. 3 和 Pymol。
本部分总的模拟时间在 7μs 以上，其中对复合物的模拟超过 5μs。

10.3　结果与讨论

10. 3. 1　DNA 体系的分子动力学模拟

对于包含 Tg：A 的 DNA 体系，我们在固定溶质分子的情况下，采用共轭梯度
法首先对水分子进行 1000 步的能量最小化，然后再对整个系统进行 1000 步的能量
最小化。接下来，在溶质固定的正则系综（NVT）中，从 0 到 298K 进行 500ps 的加
热过程后，进行了　系列谐波约束等温等压系综（NPT）模拟，以实现溶质自由度
的受控释放。用于约束的标度分别为 5. 0、1. 0 和 0. 5kcal mol^{-1} · Å^{-2}。在每个约束
条件下，使用 NPT 系综进行 500ps MD 模拟。最后进行了 1μs 的无约束分子动力学
模拟，为了验证结果的收敛性，又进行了 1μs 的副本模拟，得到了类似的结果
（RMSD 及 RMSF 见图 D1）。

我们选取产物动力学模拟第一帧作为参考，使用均方根偏差（RMSD）来监测
双链结构的稳定性，并作为系统稳定性的度量（见图 10. 2a）。我们发现，在模拟的
前 100ns，RMSD 的变化比较大，此后一直保持稳定，整个模拟过程的变化约为
2. 47±0. 50Å。对 DNA 的结构分析可以知道，当失去约束后，DNA 的构象很快从弯
曲构象转化为 B 型 DNA，图 10. 2a 中 RMSD 的波动正好反映了构象变化的过程。此
外，我们还计算了均方根波动（RMSF），以研究模拟过程中单个碱基的波动。如图
10. 2b 所示，最大的波动发生在双链末端核苷酸，Tg 碱基及其两侧的 A296 和 G298
的波动非常小，RMSF 值大约为 1. 42±0. 24，1. 00±0. 29 和 1. 00±0. 29Å。分析双链
的结构可以看到，在整个模拟过程中 DNA 保持稳定的 B 型构象，除了两端的碱基打
开外，其余碱基始终保持良好的堆积，Tg 与互补的 A311 及 5′A：T 和 3′的 G：C 的
Watson-Crick 型氢键始终保持稳定，其相互作用能随着时间的变化（见图 10. 3）。从
图中我们可以看出在前 100ns Tg 与 A311 的相互作用能有轻微震荡，这种震荡可能是
来自 DNA 从弯曲结构到标准的 B 型 DNA 的转变过程。在后面的 900ns 模拟里，Tg 始
终与 A 保持了 Watson-Crick 氢键，这种氢键的相互作用能大约为 -11. 2±1. 8kcal mol^{-1}，
与我们之前的研究结果（-11. 5±1. 4kcal mol^{-1}）相当，说明在 5′ATgG3′序列中，Tg

也始终维持在 DNA 双链内。但是，Tg 与 3′G298 之间的质心距离为 5. 66±0. 32Å，与 5′A296 之间的质心距离为 4. 10±0. 25Å，而天然的 DNA 中 T 与 5′G 和 3′G 的距离分别是 4. 82±0. 4Å 和 3. 90±0. 33Å，说明 Tg 引起了双链的变形，这与之前的研究是一致的。通过以上的分析，我们可以得到结论，虽然 Tg 损伤始终保持在 DNA 双链内，但导致了局部结构的变化，这种变化可能是修复酶对其识别的信号。

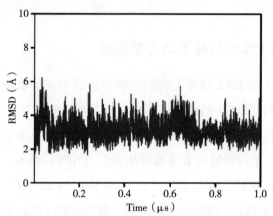

a.含Tg：A互补碱基对的双链DNA 1.0μs模拟的RMSD（2.47 ± 0.50）

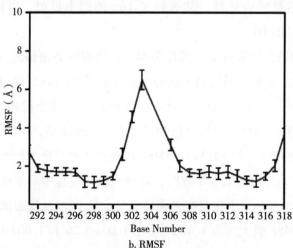

b. RMSF

图 10. 2

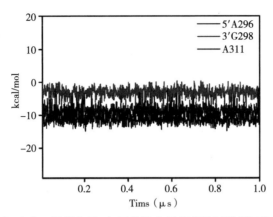

图 10.3　1.0μs 模拟中 Tg 与互补的 A 及相邻的碱基相互作用情况

10.3.2　hNEIL1/DNA 复合物体系的分子动力学模拟

对于复合物体系 C1，在固定溶质分子的情况下，采用共轭梯度法首先对水分子进行 1000 步的能量最小化，然后固定 DNA 分子，对蛋白分子和水分子进行了 1000 步的能量最小化，再对整个系统进行 1000 步的能量最小化，接下来，在溶质固定的正则系综（NVT）中，从 0 到 298K 进行 500ps 的加热。然后，在固定 DNA 的情况下对整个系统进行了 50ns 的模拟，又在固定蛋白质分子的情况下对整个系统进行了 50ns 的模拟，最后对整个体系进行了 10 次独立的 400ns 的模拟，总的模拟时间 4μs。其中，MD1 得到的 RMSD 如图 10.4a 所示，MD2-MD10 模拟得到的稳定结构如图 D2 所示。在 MD1 中，我们观察到，整个模拟可以分为三个阶段：第一阶段在 0~20ns，0ns 时 DNA 的结构仍然是 B 型，Tg 与互补的 A311 保持正常的 Watson-Crick 氢键，这一氢键的相互作用能约为−10.3±2.2kcal mol^{-1}，但是在蛋白质的影响下 B 型 DNA 变得不稳定，并逐渐发生弯曲，这一阶段复合物、蛋白质和 DNA 的 RMSD 都有比较明显的震荡；第二阶段为 20~80ns，在大约 20ns 处，DNA 的结构已经完全弯曲。弯曲后的 DNA 与蛋白质的部分残基发生作用，但是作用还不稳定，由于受到 DNA 结构的弯曲影响，Tg 与互补的 A311 保持的正常 Watson-Crick 氢键受到干扰，这一阶段氢键的相互作用能约为−6.2±4.7kcal mol^{-1}，同时复合物和 DNA 的 RMSD 有一些波动；第三阶段是 80~400ns，这一阶段 DNA 和蛋白质达到了稳定的相互作用，Tg 与互补的 A311 再次形成 Watson-Crick 氢键，约为−8.1±4.4kcal mol^{-1}。值得注意的是，我们得到的这一氢键结构与之前包含 5R，6R-Tg 损伤的 DNA 中形成的拱形氢键在结构和能量上都非常相似（−8.6±1.7kcal mol^{-1}）。不同的是，对于单独的 DNA 体系这种拱形氢键必须依靠水分子的作用维持，但在复合物中，这一构象主要依靠蛋白质残基维持。此时体系处于稳定的状态，复合物、蛋白质和 DNA 的 RMSD 都总体上处于稳定状态。在 MD2—MD10 中，均观察到了 DNA 构象发生弯曲的现象，这一现象出现的时间在 0~50ns，其中 MD2、MD5、MD6、MD7、MD8、MD9 观察到的 DNA 的变化规律与 MD1 一致，DNA 弯曲的角度在 $52.2°~58.6°$。不同的是，在 MD3、MD4、MD5 和 MD10 中我们观察到，Tg 失去了与互补 A 的氢键，并导致 Tg 向双螺旋外翻转，碱基对沿凹槽方向打开的角度（opening）为 $84.2°~87.0°$。由于碱基对同时发生翻转，DNA 双螺旋变得很不稳定，这一变化导致 DNA 的弯曲角度最大达到 $68°$。我们使用 Curves+对前 4 次模拟得到的 DNA 结构进行了分析，结果见表 10.1。可以看出，4 次模拟得到的 DNA 的弯曲度均在 $52.2°~68.0°$，平均为 $58.9°$，这与晶体结构（C3）中 DNA 的弯曲度（$50.8°$）非常接近，同时与之前的报道非常一致。

进一步分析表明，PHE120，ARG118，ARG119 在受损 DNA 识别过程中发挥了重要作用。在模拟的最初阶段，虽然 DNA 的结构并未发生弯曲，但是 PHE120 和 ARG118 仍然能够分别从 DNA 的大沟方向靠近 DNA 双螺旋。其中，疏水性的 PHE120 通过与 A311 的 π-π 堆积作用，从 Tg 损伤的 5′方向（A311 的 3′方向）逐渐插入 DNA 内部（见图 10.5c）。通过前面的研究我们发现，即使在 B 型 DNA 中，Tg 与相邻碱基距离也发生明显变化，显然 DNA 的这种局部形变为 PHE120 靠近 DNA 降低了空间位阻。进一步分析表明，对于 MD1，在前 80ns，PHE120 的苯环与 DNA 的 A311 碱基的距离约为 $6.13±0.41$Å，两个平面的角度约为 $70°$。而在 80~400ns，两个基团的角度约为 $0°$，距离变为 $4.23±0.62$Å，说明 PHE120 与 DNA 形成了比较稳定的相互作用。能量分析表明，PHE120 与 DNA 总的相互作用能约为 $-14.7±2.0$kcal mol^{-1}，其中 VDW 作用能为 $-11.3±1.6$kcal mol^{-1}，占总的相互作用能的 76.9%，说明 PHE120 与 A311 的芳香性平面产生了稳定的 π-π 相互作用。值得注意的是，我们得到的这一结构与晶体结构非常一致，在晶体结构中 PHE120 与 DNA 的相互作用为 -11.7kcal mol^{-1}。由于 PHE120 的进入，DNA 双链内碱基之间的疏水相互作用进一步下降，A311 与其 3′端 T312 的相互作用能从 $3.9±1.6$kcal mol^{-1} 降低到 $1.1±1.8$kcal mol^{-1}，并导致 T312：A295 碱基对打开 $17.3°$，双链的稳定性进一步下降。而带正电荷的 ARG118 最初通过氢键与 T312 的 O2 和 G313 的 O4′作用，并不断伸向 DNA 内部，同样带正电荷的 ARG119 由于更加靠近 DNA 的磷酸骨架，与带负电荷的磷酸骨架发生长程静电作用。前 80ns ARG118 和 ARG119 与 DNA 的平均相互作用能分别为 $-48.9±15.0$kcal mol^{-1} 和 $-61.0±21.3$kcal mol^{-1}，随着模拟时间的变化，ARG118，ARG119 不断靠近 DNA，与 DNA 的作用也变得更加强烈，在 80~400ns 模拟过程中这一值平均为 $-96.7±15.5$

和−110.0±20.0kcal mol⁻¹（见图 10.5a 和图 10.5b）。我们的研究表明，PHE120 利用其芳香性苯环与受损碱基互补的 A311 产生 π-π 作用，而 ARG118、ARG119 通过与受损 DNA 骨架及糖环作用导致 DNA 发生弯曲。这一结果与 hNEIL1 同系物嗜热脂肪芽孢杆菌（*Bacillus stearothermophilus*）中 Fpg 与包含 oxoG 的 DNA 复合物中得到的晶体结构非常相似，在这种晶体结构中 PHE110、ARG108、MET73 填充到受损碱基翻转后的空间，而 PHE110 被认为是通过楔入 DNA 中检测损伤。

为了进一步验证酶对 DNA 的影响，我们从复合物 C2 开始（DNA 处于弯曲构象）同样进行了 400ns 的产物动力学模拟。在 NVT 之前采取了与 C1 相同的策略，在 NVT 以后，进行了一系列谐波约束等温等压系综（NPT）模拟，以实现溶质自由度的受控释放。用于约束的标度分别为 5.0、1.0 和 0.5kcal mol⁻¹·Å⁻²。在每个约束条件下，使用 NPT 系综进行 500ps MD 模拟。最后对整个体系进行了 400ns 的模拟，得到的 RMSD 如图 10.4b 所示。可以看出对于包含弯曲 DNA 的复合物体系，在约 50ns 以后体系就处于稳定状态，由于蛋白质残基与 DNA 发生相互作用，DNA 灵活度降低，整个模拟过程未见 DNA 构象的明显变化，其 RMSD 值仅为 1.73±0.16Å，且模拟得到的最终构象与 C1 得到的最终构象非常相近（弯曲度为 56.7°，C1 弯曲度为 58.9°）。我们对复合物中 Tg 与互补的 A 及相邻的 5′A 和 3′G 的相互作用进行了分析，其相互作用能分别为−11.4±1.5kcal mol⁻¹，−6.5±1.5kcal mol⁻¹和−2.7±1.5kcal mol⁻¹，而在标准的 B 型 DNA 中，分别是−11.2±1.8kcal mol⁻¹，−8.6±1.7kcal mol⁻¹和−3.1±1.6kcal mol⁻¹。值得注意的是，在这种弯曲构象中，Tg 与 5′A 和 3′G 的距离分别是 4.53±0.30Å 和 5.66±0.30，这一距离比 B 型 DNA 中 Tg 与 5′A 和 3′G 碱基的距离（3.90±0.33 和 5.66±0.32Å）更大，这一趋势与相互作用能的变化一致。

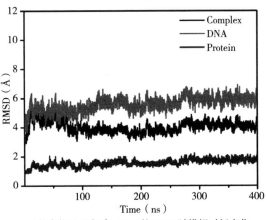

a. C1复合物及蛋白质、DNA的RMSD随模拟时间变化

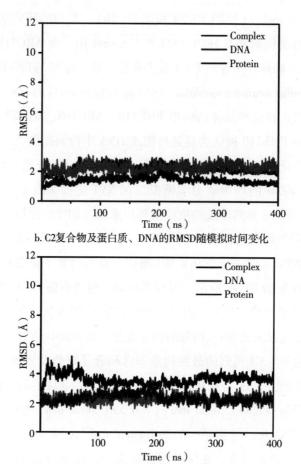

b.C2复合物及蛋白质、DNA的RMSD随模拟时间变化

c.C3复合物及蛋白质、DNA的RMSD随模拟时间变化

图 10.4

表 10.1　模拟得到的 DNA 的部分结构参数

	BDNA	C3	C2	C1—MD1	C1—MD2	C1—MD3	C1—MD4
Bent（5′A：T）	1.4	7.1	6.9	8.4	7.8	11.5	7.4
Bent（Tg：A）	1.9	7.8	8.4	8.0	8.8	16.4	6.8
Bent（3′G：C3）	2.8	8.1	8.9	6.3	9.2	17.2	4.7
Inclin（5′A：T）	2.4	−19.0	25.3	26.9	19.8	31.1	37.5
Inclin（Tg：A）	−0.6	37.9	25.1	24.9	20.8	41.6	26.3
Inclin（3′G：C3）	8	16.7	32.2	24.1	24.7	24.1	25.8
Buckle（5′A：T）	−11.2	−12.4	−4.6	−24.2	31.7	21.8	33.9

续表

	BDNA	C3	C2	C1-MD1	C1-MD2	C1-MD3	C1-MD4
Buckle（Tg：A）	−18.1	98.9	−68.7	−9.7	−28.0	53.3	−26.2
Buckle（3′G：C）	−19.5	−12.4	−28.5	−21	−33.4	−44.8	−25.8
Opening（5′A：T）	4.4	1.7	0.3	17.3	14.2	−0.6	5.4
Opening（Tg：A）	−5.1	−77.8	−1.2	4.7	12.9	87.0	84.2
Opening（3′G：C）	5.1	−1.1	−3.4	8.0	6.2	−0.3	−1.7
Tilt（5′A：T）	0.1	19.1	−1.2	3.0	6.3	−65.9	−11.4
Tilt（Tg：A）	9.3	−47.3	2.2	−3.9	10.3	74.1	−0.6
Tilt（3′G：C）	1.9	−4.4	−5.4	6.8	−5.4	−6.3	2.9
Roll（5′A：T）	−4.0	40.2	57.3	48.1	3.3	2.8	38.2
Roll（Tg：A）	2.9	23.2	6.9	1.0	7.2	−25.3	8.8
Roll（3′G：C3）	−0.6	−1.6	4.8	10.0	11.5	77.1	−8.2
bent（total）	6.4	50.8	56.7	52.2	58.6	68.0	56.9
Maj-W	10.9	12.6	11.1	13.8	14.8	6.2	14.5
Min-W	7.1	9.6	10.9	9.0	8.4	13.9	8.4

　　对于复合物体系 C3，在 NVT 之前与 C2 采取了完全相同的策略，400ns 的模拟得到的 RMSD 如图 10.4c 所示。我们发现 Tg 一直处于酶的识别口袋中。我们还对 C3 复合物中蛋白质残基与 DNA 的相互作用与 C1 进行了对比，如图 10.5b 所示，可以看出在两种复合物中，蛋白质残基与 DNA 的相互作用非常相似。不同的是在 C1 中，ARG118、ARG119 和 PHE120 与 DNA 相互作用能比 C3 中更强。

　　综上所述，我们对单独的 DNA 体系及包含弯曲的 DNA 与 hNEIL1 复合物的体系模拟中均没有发现 DNA 构象有明显的变化，但是对包含 B 型 DNA 与修复酶的复合物的模拟中观察到了 DNA 明显的结构弯曲，且这一变化在多次模拟中都重现。因此可以确定，修复酶诱导了 DNA 的这种形变。对比 B 型 DNA 的模拟结果，我们可以得出结论，Tg 损伤引起的局部形变并没有直接影响其与互补碱基的相互作用强度，但是导致其与上下碱基之间的距离变大，相互作用变弱，这种变化更像是预形变（pre-bent）。修复酶对这一局部变化进行识别进而与 DNA 形成强的作用，并导致 DNA 发生明显的结构弯曲，这种弯曲更有利于碱基翻转。

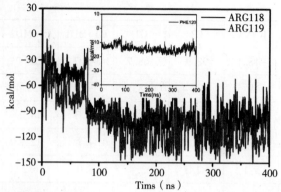

a. 400ns模拟中ARG118、ARG119和PHE120与DNA相互作用的情况

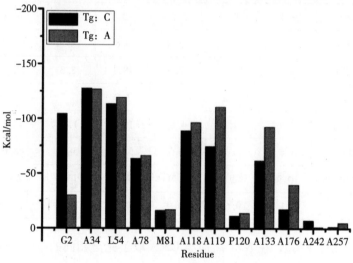

b.复合物C1和C3稳定结构中蛋白质残基与DNA相互作用情况

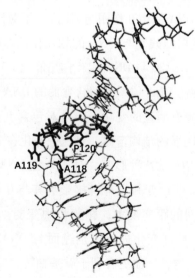

c.复合物C1稳定结构中ARG118、ARG119和PHE120与DNA的作用

图 10.5　蛋白质部分残基 DNA 相互作用情况

10.3.3 自由能计算

DNA 损伤修复具有重要的生物学意义，为了进一步研究酶对碱基翻转这一重要生物学事件的影响，本部分我们利用增强性取样 well-tempered-meta-eABF 对 Tg 翻转的自由能进行了研究。我们以 Tg 与互补的 A 碱基之间的距离作为反应坐标，计算了在标准的 B 型 DNA 中 Tg 翻转的自由能垒。PMF 的初始结构由 1μs 模拟得到的平衡结构为起点，200ns 的 PMF 计算表明，Tg 要克服 8.6kcal mol^{-1} 的自由能垒才能从 DNA 双链中翻转出来，利用 CPDb 二面角作为反应坐标得到的结果类似，因此，无论是选用距离还是二面角 CPDb 作为反应坐标，比之前我们计算的 Tg 从 5'GTgG3' 序列中翻转的自由能垒要高，说明序列效应会影响受损碱基的翻转，这一趋势与之前的报道一致。同样，其选择的翻转路径主要是大沟方向（见图 D3）。较高的位垒说明在 5'ATgG3' 序列中，5R，6S-Tg 很难发生自发翻转。为了进一步验证修复酶对 Tg 翻转的影响，我们计算了在 DNA 与酶的复合物中 Tg 翻转的自由能，PMF 初始结构来自 400ns 模拟得到的平均结构。如图 10.6 可以看出当酶存在的情况下，Tg 翻转的自由能曲线发生了明显变化，其自由能垒只有 2.6kcal mol^{-1}，这比单独的 DNA 体系下降 6.0kcal mol^{-1}。值得注意的是，在 MD3、MD4、MD5 和 MD10 的模拟中我们观察到了 Tg 翻转的现象，这说明一旦 DNA 发生弯曲，Tg 可能跨越比较小的位垒（2.6kcal mol^{-1}）发生翻转。

由表 10.1 我们可以看到，在 MD1 和 MD2 中，DNA 的弯曲导致其大沟宽度增加到 13.8Å 和 14.8Å。同时，与 BDNA 相比，在复合物中除了 Tg：A 碱基对自身变得不稳定外，其相邻的 5'A：T 和 3'G：C 同样变得不稳定。如在 BDNA 中，5'A：T 和 3'G：C 处的弯曲度只有 1.4° 和 2.8°，而在复合物中分别为 7.1°、8.4° 和 6.3°、9.2°；在 BDNA 中，5'A：T 和 3'G：C 围绕凹槽方向的旋转角度（Inclin）只有 2.4° 和 8°，而在复合物中分别为 26.9°、19.8° 和 24.1°~24.7°；在 BDNA 中，5'A：T 和 3'G：C 的打开角度为 4.4° 和 5.1°，而在复合物中分别为 17.3°、14.2° 和 8.0°、6.2°。此外，Tg 与相邻碱基的相互作用能也下降，B 型 DNA 中 Tg 与 5'A 和 3'G 的相互作用能分别为 -8.6±1.7kcal mol^{-1} 和 -3.1±1.6kcal mol^{-1}，而在复合物中 Tg 与 5'A 和 3'G 的相互作用能分别为 -6.5±1.5kcal mol^{-1}、-6.3±1.5 和 -2.7±1.5kcal mol^{-1}、-2.6±1.4kcal mol^{-1}。这说明在弯曲构象中，Tg 与上下碱基的堆积作用进一步变弱，并且 Tg 相邻碱基对的稳定性受到显著干扰，根据以前的研究，这些变化可能导致 DNA 碱基的疏水作用变弱，使 Tg 更容易发生溶剂化，并最终导致翻转发生。这些具体结构参数的分析对于我们理解弯曲对受损碱基翻转的影响有重要意义。

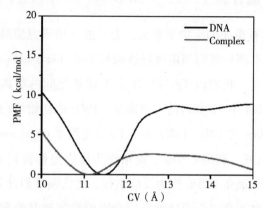

图 10.6　Tg 从单独的 DNA 体系和复合物 C1 中翻转的自由能曲线

　　DNA 的弯曲可以降低碱基翻转的位垒，导致受损碱基翻转并最终被切除。然而在非结合状态下，弯曲的 DNA 丰度很低，因此实验中很难研究 DNA 的构象能。我们以 RMSD 为变量，用最近发展起来的 well-tempered-meta-eABF 计算了由 B 型 DNA 到达复合物中弯曲构象的自由能变化，如图 10.7 所示。200ns 的自由能计算表明，这一变化大概需要翻越 30.7kcal mol^{-1} 的自由能垒，这一计算结果与 Monari 等人最新的计算结果相近（35~40kcal mol^{-1}），说明我们的计算是可靠的。显然，在缺少酶的情况下，B 型 DNA 很难跨越这一能垒实现自发弯曲。我们进一步计算了在复合物中 DNA 弯曲的自由能，发现这一过程是自发的（-23.7kcal mol^{-1}），这一结果也与我们在多次模拟中观察到的现象一致。

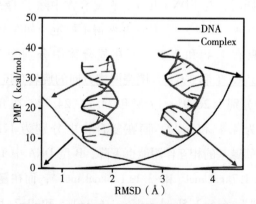

图 10.7　B 型 DNA 弯曲过程的自由能曲线

　　DNA 弯曲后，处于高能构象（+30.7kcal mol^{-1}），此时损伤位置的大沟变得更宽，损伤周围的碱基对稳定性受到破坏，损伤与周围碱基的堆积作用变弱，这种变化降低了碱基翻转的自由能垒，为碱基翻转提供了有利条件。这一过程也可以理解为，DNA 双链通过弯曲积累能量，随后通过碱基翻转来释放能量，这一发现为之前的假设提供了证据。值得注意的是，这也与我们之前的研究一致：在之前的研究中，我们对包含 5R，6R-Tg 损伤的 DNA 进行的模拟中发现了三种构象，其中局部最稳定的 trans-DNA-1 构象却处于高能状态，计算表明 5R，6R-Tg 从这种高能构象中翻转需要的自由能垒大概为 1.0kcal mol^{-1}，考虑到碱基序列效应的影响，这一结果与复合物中得到的 2.6kcal mol^{-1} 非常一致。

10.4　本章小结

我们通过 MD 模拟提供了包含 Tg：A 这一著名氧化损伤的 DNA 与修复酶的复合物结构，由于晶体结构的缺乏，我们的模拟对于理解 Tg 的识别修复机制有重要意义。通过全原子分子动力学模拟，第一，证明了由于需要跨越比较高的自由能垒，即使发生了氧化损伤，DNA 双链也很难自发地弯曲。第二，损伤引起的局部变化对于修复酶识别受损 DNA 有重要意义。修复酶通过损伤引起的堆积变弱等局部结构变化来识别受损 DNA，并诱导 DNA 发生弯曲。第三，虽然大量的研究认为 DNA 的弯曲有助于受损碱基的翻转，但是我们证明了 DNA 的弯曲使 Tg 翻转的自由能垒下降了约 6kcal mol^{-1}，并可能最终导致 Tg 发生翻转，通过详细的参数分析说明了弯曲导致翻转自由能下降的原因。我们的研究表明，对于 5R，6S-Tg 的 BER 修复遵从识别（recognition）-酶促碱基翻转（enzymatic base flipping）机制，这对于理解 BER 修复机制有重要意义。

11 A-DNA 中碱基的翻转[①]

11.1 引言

DNA 是生命活动中的关键分子，由于环境的不同，双螺旋 DNA 以不同构象存在，如 B-DNA、A-DNA、C-DNA 和 Z-DNA。B-DNA 在生理条件下是最有利的构象，C2′-endo 是 B-DNA 糖褶的代表性类型，B-DNA 的大沟比小沟宽得多，而 A-DNA 构象在低湿度和高盐浓度下得以保持。A-DNA 最明显的结构差异是每一对螺旋之间的距离（2.6Å）明显小于 B-DNA（3.4Å），因此 A-DNA 双链体比 B-DNA 短。由于 A-DNA 主要在实验室中发现，长期以来一直被认为没有生物学意义。然而，越来越多的研究发现 A-DNA 存在于蛋白质的复合物中，并在苛刻条件下的细胞防御机制中具有重要的生物学作用。此外，A-DNA 也被认为在基因组包装过程中，可以将双螺旋 DNA 驱动到病毒衣壳中，因此，其在 DNA 药物的开发中具有广泛的应用。

DNA 在特定条件下经历从 B-DNA 到 A-DNA 的构象转变。由于地球上的生命可能是在极端环境中产生的，这也提出了一种有趣的可能性，即 DNA 转化为 A 型的能力可能是早期生命进化中的一个关键选择力。因此，A-DNA 在不利条件下稳定 DNA 方面可能发挥着许多未被认识的作用。碱基翻转是碱基修复的关键步骤，对蛋白质识别修复 DNA 具有重要意义。然而，哪些因素影响 A-NDA 中碱基的翻转，A-NDA 中碱基翻转的自由能垒如何？

在本部分，我们使用分子动力学模拟研究了 A-DNA 中四个天然碱基 A、T、C 和 G 翻转的自由能垒。研究表明，受 DNA 构象的影响，与标准 B-DNA 相比，A-

---

① Wang, S. D. , Zheng, X. , Wu, J. J. The Base Flipping of A-DNA-a Molecular Dynamic Simulation Study. Struct. Chem, 2024（2）.

DNA 的碱基翻转自由能垒低于 B-DNA。研究揭示了 A-DNA 碱基翻转的关键生物学信息，这对 A-DNA 领域的研究具有重要意义，也有助于完善我们对 DNA 碱基翻转领域的知识。

11.2 研究方法

A-DNA 的初始坐标（5′CGCGAA-X-TCGCG3′，X＝T，标记为 A-DNA1；X＝C，标记为 A-DNA2）从在线工具 DNA sequence to structure 获得。使用具有相同序列的 B-DNA 作为参考（分别标记为 B-DNA1 和 B-DNA2，见图 11.1c）。随后，将 DNA 置于约 3000 个 TIP3P 水分子的盒子中，盒子大小约为 65×41×40Å，DNA 和盒子边缘之间的最小距离为 10Å，向每个盒中添加 8 个 Cl^- 和 30 个 Na^+ 以模拟细胞内环境。对于非键相互作用，设置了 12Å 的截止值，并使用 Ewald（PME）算法处理静电相互作用，用 SHAKE 算法进行氢原子的约束。首先在溶质分子固定的情况下使用共轭梯度法进行 1000 步能量最小化，并对整个系统进行 1000 步共轭梯度最小化，然后在正则系综（NVT）中进行从 0 到 298K 的 500ps 加热过程。接下来，进行了一系列谐波约束等温等压系综（NPT）模拟。用于约束的力分别为 5.0、1.0 和 0.5kcal $mol^{-1} \cdot Å^{-2}$。通过 Langevin 恒温器方法保持温度恒定，通过 Nose-HooverLangevin 方法保持压力。

所有模拟均使用 NAMD 2.14-multicore-CUDA 软件包和 Colvars 模块进行，轨迹使用 VMD1.9.3 进行可视化和分析，DNA 构象分析使用 Curves⁺ 进行，选用 CHARMM36 力场。自由能的研究使用 WTM-eABF，二面角 CPDb 被用作集合变量（CV），其中 p1 由两个侧翼碱基对的质心定义，p2 和 p3 由侧翼磷酸基团定义，p4 由翻转嘌呤的五元环（或翻转嘧啶的整个六元环）定义，如图 F1 所示。

```
            1  2  3  4  5  6  7  8  9  10 11 12
5′ - C  - G  - C  - G  - A  - A  - X  - T  - C  - G  - C  - G  - 3′
3′ - G  - C  - G  - C  - T  - T  - Y  - A  - G  - C  - G  - C  - 5′
           24 23 22 21 20 19 18 17 16 15 14 13
```

DNA1：X＝Thy，Y＝Ade
DNA2：X＝Cyt，Y＝Gua

B-DNA　　　　　A-DNA
a. B-DNA的结构　　b. A-DNA的结构　　　　c.研究使用的DNA序列

图 11.1

11.3 结果与讨论

11.3.1 分子动力学模拟

对于这两种类型的 DNA，分别进行了 100ns 的产物模拟，并使用 RMSD 来监测 DNA 结构变化，作为系统稳定性的衡量标准，如图 F2 所示。两种类型的 DNA 中 B-DNA 的平均 RMSD 仅为 1.3Å，B-DNA1 和 B-DNA2 的标准偏差分别仅为 0.3Å 和 0.2Å，A-DNA1 和 A-DNA2 的平均 RMSD 分别为 1.2±0.3Å 和 1.0±Å，表明相对结构变化非常小。因此，根据对天然 DNA 的研究，在 100ns 模拟结果上进行了详细的分析和翻转自由能计算。

11.3.2 腺嘌呤和胸腺嘧啶

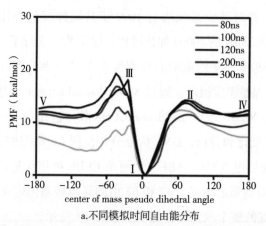

a.不同模拟时间自由能分布

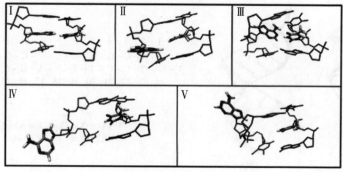

b.翻转过程中的代表性结构

图 11.2

基于先前的研究，我们首先检查了 B-DNA1 中腺嘌呤（A18）的翻转自由能，模拟时间分别为 80ns、100ns、120ns、200ns 和 300ns。如图 11.2 所示，可以看到，对于 80ns 和 100ns 的模拟时间，FES 的收敛性不好。对于 120ns 的模拟时间，自由能曲线显示在碱基翻转的位置（约 60°），主槽通道的自由能垒为 13.8kcal mol^{-1}。200ns 模拟的 FES 显示自由能垒为 14.2kcal mol^{-1}，仅比 120ns 模拟的自由能垒高 0.4kcal mol^{-1}。然后，我们将模拟时间延长到 300ns，并获得如图 11.2 中自由能曲线。可以看到，通过主凹槽的翻转势垒为 14.3kcal mol^{-1}，与 200ns 模拟的翻转势垒非常相似。此外，腺嘌呤翻转的活化能为 14.2kcal mol^{-1}，与 NMR 研究的实验结果一致。因此，在本研究中，我们使用 200ns 的模拟时间进行了 WTM-eABF 自由能计算。

接下来，我们计算了 A-DNA1 中 A18 翻转的自由能，如图 11.3 所示。可以看到，A18 从小沟和大沟翻转的自由能垒分别为 10.9kcal mol^{-1} 和 11.9kcal mol^{-1}。值得注意的是，A-DNA1 中碱基翻转的自由能垒显著低于 B-DNA1 中的自由能势垒，并且 A18 通过小沟方向翻转的自由能垒低于大沟。我们跟踪了 A18 翻转过程中的轨迹，如图 11.4 所示。可以看出，在 B-DNA1 中，A18 的主要翻转路径是 DNA 的大沟，而在 A-DNA1 中，A18 的主要翻转路径是 DNA 的小沟。结构分析（表 F3）表明，A 型 DNA 的弯曲导致目标碱基附近结构显著扭曲，大沟宽度减少到仅 4.4Å，但小沟增加到 10.2Å，较宽的小沟更有利于基底翻转。

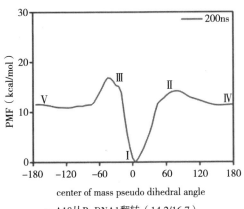

a. A18 从 B-DNA1 翻转（14.2/16.7）

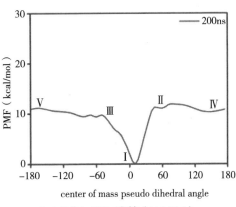

b. A18 从 A-DNA1 翻转（11.9/10.9）

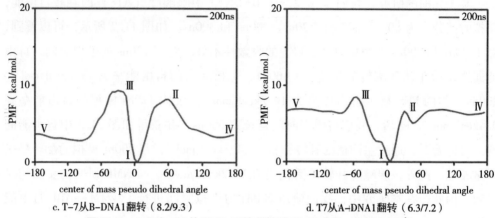

c. T-7从B-DNA1翻转（8.2/9.3）　　d. T7从A-DNA1翻转（6.3/7.2）

图 11.3　A18 和 T7 从 DNA 双链翻转的 PMF 曲线（kcal mol^{-1}）

　　然后，采用相同的策略来计算两种类型的 DNA 中胸腺嘧啶（T7）翻转的自由能垒，得到的自由能曲线如图 11.3 所示，翻转过程中的代表性结构如图 F4 所示。可以看到，B-DNA1 中 T7 翻转的自由能垒分别为 8.2kcal mol^{-1} 和 9.3kcal mol^{-1}。正如预期的那样，在两种类型的 DNA 中，大沟对 T7 翻转更有利。然而，A-DNA1 中 T7 翻转的自由能垒最低仅为 6.2kcal mol^{-1}。因此，我们推断碱基翻转在 A-DNA 中更容易发生。

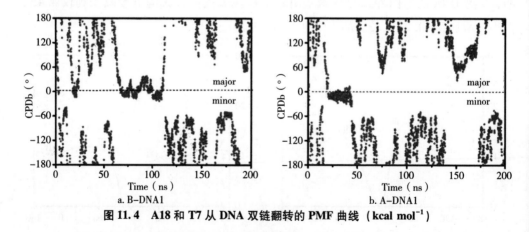

a. B-DNA1　　b. A-DNA1

图 11.4　A18 和 T7 从 DNA 双链翻转的 PMF 曲线（kcal mol^{-1}）

11.3.3　鸟嘌呤和胞嘧啶的碱基翻转

　　为了进一步研究 A-DNA 中碱基翻转过程，我们使用相同的 DNA 序列（5′CGCGAA-X-TCGCG3′，X=C，称为 DNA2），进一步计算了两种类型 DNA 中鸟嘌呤（G18）和胞嘧啶（C7）的翻转自由能垒。首先，进行了 100ns 的产物模拟，得到的

RMSD 如图 F2c 和 F2d 所示。

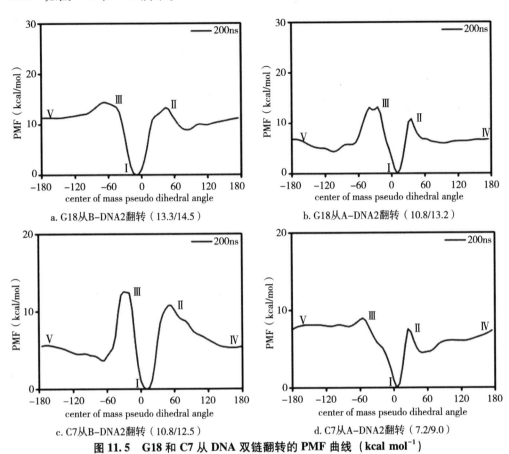

a. G18从B-DNA2翻转（13.3/14.5）

b. G18从A-DNA2翻转（10.8/13.2）

c. C7从B-DNA2翻转（10.8/12.5）

d. C7从A-DNA2翻转（7.2/9.0）

图 11.5　G18 和 C7 从 DNA 双链翻转的 PMF 曲线（kcal mol^{-1}）

如图 11.5 所示，在 B-DNA2 中，C7 翻转势垒分别为 10.8 和 12.5kcal mol^{-1}，然而，在 A-DNA2 中，C7 最低只需要克服 7.2kcal mol^{-1} 的自由能垒就可以从大沟方向翻转。G18 与 C7 相似，从 A-DNA2 和 B-DNA2 的自由能垒分别为 10.8kcal mol^{-1} 和 13.3kcal mol^{-1}。值得注意的是，嘌呤（鸟嘌呤和腺嘌呤）和嘧啶（胸腺嘧啶和胞嘧啶）碱基的翻转势垒能对于相同的 DNA 序列非常相似，并且它们与 Watson-Crick 键的数量没有直接关联。翻转过程中的代表性结构如图 F4 所示。

11.3.4　π-π相互作用能

从目前的研究中，可以看出无论是嘌呤还是嘧啶，A-DNA 中碱基翻转的自由能垒都明显低于相应的 B-DNA。在碱基翻转过程中，目标碱基与其相邻碱基的堆叠相互作用发生了巨大变化，因此π-π堆叠相互作用被认为是影响碱基翻转过程的主要因素之一。因此，我们首先将 T7 和 A18 与相邻碱基的 π-π 堆积相互作用能进行了比较，结果如图 11.6a 和表 F1、表 F2 所示。可以看到，尽管 A-DNA1 中碱基之间的距离（2.6Å）小于 B-DNA1（3.6Å），但 T7 和 A18 与相邻碱基的堆叠相互作用能在 A-DNA1 中明显小于 B-DNA1。这可能是由于两种类型 DNA 的结构不同，因为 B-DNA 中碱基对垂直于分子轴，而 A-DNA 中碱基对有 20° 左右的倾斜显然，垂直结构更有利于 π-π 堆积。我们还计算了两种类型 DNA 的 Watson-Crick 氢键相互作用能，结果见表 F1 和 F2。可以看到，两种类型的 DNA 的 Watson-Crick 氢键相互作用能并没有表现出显著差异（A18：T7 为 -11.0 ± 1.2 vs. -10.9 ± 0.9 kcal mol^{-1}，G18：C7 为 -24.1 ± 2.4 vs. -24.7 ± 1.7 kcal mol^{-1}），这表明 A-DNA 结构的变化对 Watson-Crick 氢键碱基对之间的相互作用没有显著影响。

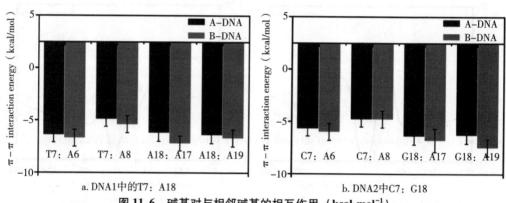

a. DNA1中的T7：A18　　　　　　　b. DNA2中C7：G18

图 11.6　碱基对与相邻碱基的相互作用（kcal mol^{-1}）

11.3.5　溶剂可及表面积（SASA）

根据研究，较大的溶剂可及表面积（SASA）有利于亚氨基-H 与溶剂交换。因此，在本部分我们计算了两种 DNA 在 100ns 产物模拟过程中 T7：A18 碱基对和 C7：G18 碱基的 SASA，结果如图 F5 所示。我们可以看到，B-DNA 的 SASA 大于 A-DNA，这似乎与我们的自由能计算结果相冲突。为了进一步研究 SASA 对两种类型的 DNA 碱基翻转的影响，我们进一步计算了胸腺嘧啶中 N3、H3、O4 和腺嘌呤中 N1、N6、H61、H62，以及胞嘧啶中 O2、N3、N4、H41、H41、H42 和鸟嘌呤中 O6、N1、N2、N21、N22 特定原子的 SASA。之所以选择这些关键原子，是因为它们与亚氨基-H 的交换关系紧密，而这可能与碱基翻转的早期阶段更为密切，结果如图 11.7 所示。然而，与碱基对的 SASA 相反，我们注意到对于这些特定原子，两种类型的 DNA 的 SASA 没有显著差异，这意味着 SASA 可能不是导致这两种 DNA 碱基翻转差异的关键因素。

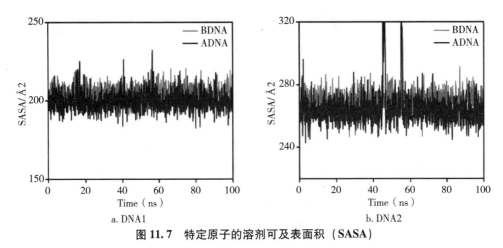

a. DNA1　　　　　　　　　　　b. DNA2

图 11.7　特定原子的溶剂可及表面积（SASA）

11.3.6　结构特点

在本节中，使用 Curves+分析了两种类型 DNA 结构的 DNA 结构参数。碱基结构的变化通常由参数 X-disp、Y-disp、Inclin 和 Tip 描述（如图 F6 所示），其中 X-disp 描述碱基对沿 X 轴的位移，Y-disp 描述碱基对沿 Y 轴的位移。Inclin 描述碱基对绕 X 轴的倾斜，Tip 描述碱基对绕 Y 轴的倾斜。我们选择目标碱基的 X-disp、Y-disp、Inclin、Tip 和 DNA 小沟的宽度，研究两种类型的 DNA 结构的差异。结果如图 11.8 和表 F3 所示。在 A-DNA 中可以观察到碱基对沿 X 轴位移的偏差，DNA1 和 DNA2 中 A-DNA 的 X-disp 的平均值分别为-4.39Å 和-4.21Å，显著大于 B-DNA 中的 0.00Å 和 0.18Å。最大的差异是参数 Inclin，DNA1 中，从 3.1（B-DNA）显著增加到 18.5（A-DNA），DNA2 中，从 1.5（B-DNA）显著增加到 21.9（A-DNA）。我们注意到，在所有这些参数中，X-disp 和 Inclin 的偏差是影响碱基翻转的最重要因素。此外，A-DNA1 和 A-DNA2 的小沟都是 10.2Å，而 B-DNA1 和 B-DNA2 分别只有 7.3Å 和 6.9Å。显然，较宽的小沟使碱基翻转变得更容易。

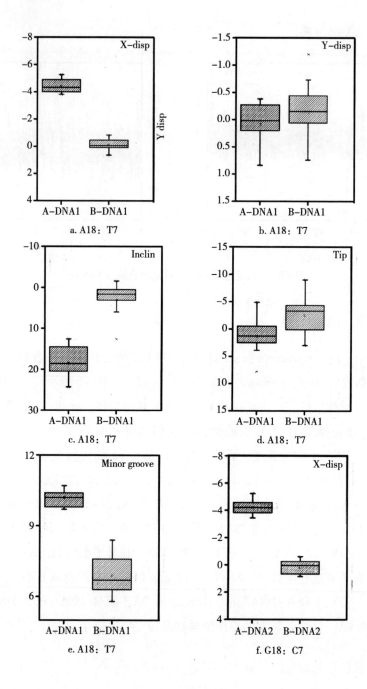

a. A18：T7

b. A18：T7

c. A18：T7

d. A18：T7

e. A18：T7

f. G18：C7

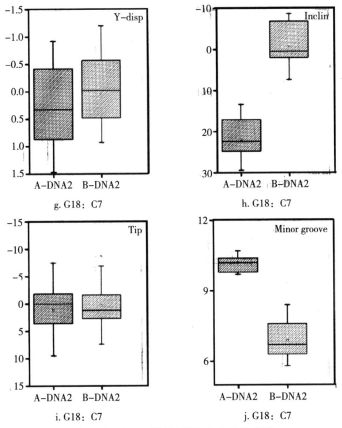

g. G18：C7　　　　h. G18：C7

i. G18：C7　　　　j. G18：C7

图 11.8　100ns 模拟 DNA 平均结构参数

11.4　本章小结

  我们的研究对 A–DNA 中碱基翻转的自由能垒进行了探索，结果表明，对于所有四种天然的 A、T、C 和 G 碱基，A–DNA 中碱基翻转自由能垒都低于相应的 B–DNA，碱基的翻转自由能势垒主要与构象变化和 π–π 堆积有关。此外，A–DNA 中变宽的小沟，使碱基更容易翻转。利用天然的 A–DNA 和 B–DNA，我们揭示了 A–DNA 中碱基翻转的自由能垒以及影响碱基翻转的因素。这对进一步研究 A–DNA 的性质有重要帮助，也有助于提高我们对碱基翻转的认识。

12　分子动力学模拟在生物化学教学中的探索①

12.1　引言

生物化学是研究生命科学的基础学科，它不但是一门重要的理论学科，也是实验性很强的实验学科。然而在教学中，由于实验手段的限制，传统的教学手段大多只进行理论讲解，知识枯燥且学生不易理解。近年来，随着计算机技术的发展和各种软件（如材料模拟软件 Materials Studio、量子化学计算软件 Gaussian、分子对接软件 Discovery studio 和 AutoDock 等）的普及，计算机辅助教学成为越来越多教师的选择，这在突破教学难点、提高课堂教学效率以及激发学生的学习兴趣等方面发挥了积极的作用。

分子动力学模拟是以分子或分子体系的经典力学模型为基础，通过数值求解分子体系经典力学运动方程的方法得到体系的轨迹，并统计体系的结构特征与性质。近年来，随着计算机的快速发展，分子动力学模拟依靠其在微观水平上精确的控制性以及操作性，在蛋白质、DNA 动态行为、生物分子发挥生理功能的作用机制、小分子与潜在靶点的识别、离子运输、酶催化反应机理等方面的研究发挥着越来越重要的作用，可以说分子动力学模拟已经广泛地应用到了生物、物理、化学和材料等领域，这也给生物化学教学提供了新的思路。

本部分选取《生物化学》中 DNA 的二级结构部分内容作为对象，结合分子动力学模拟进行教学探究。

---

①　王树栋，郑璇. 分子动力学模拟在生物化学课程教学中的探索. 凯里学院学报，2024（6）.

12.2 建立模型

双螺旋 DNA 的初始结构从蛋白晶体结构数据库中获得（PDBID：8F2W，分辨率：1.30Å），放入大小为 43×48×65Å 的周期性长方体盒子中，然后向水盒子中添加 22 个 Na⁺中和磷酸基团的负电荷，最后向盒子添加 0.15M NaCl 以模拟细胞内环境，每个体系的原子数约 12000 个，DNA 与水盒子边缘之间的最小距离为 10Å。

12.3 模拟步骤

在固定溶质分子的情况下，采用共轭梯度法首先对水分子进行 1000 步的能量最小化，然后对整个系统进行 1000 步的能量最小化。接下来，在溶质固定的正则系综（NVT）中，从 0 到 298K 进行 500ps 的加热过程后，进行了一系列谐波约束等温等压系综（NPT）模拟，以实现溶质自由度的受控释放。用于约束的标度分别为 5.0、1.0kcal mol^{-1} · Å^{-2}。在每个约束条件下，使用 NPT 系综进行 500ps MD 模拟。系统使用 Langevin thermostat 方法保持系统恒温，Nosé-Hoover Langevin piston 方法保持系统的压力。然后对体系进行了 10ns 的产物模拟，对于非键相互作用，使用截断半径为 12Å 的周期性边界条件，Ewald（PME）算法用于处理静电相互作用，氢原子的键通过 shake 算法进行约束，步长为 2fs。所有 MD 模拟均使用 NAMD 2.13 和 Colvars 模块进行，结构显示使用 VMD 1.9.3，整个模拟使用的是 CHARMM36 力场。

12.4 结果与讨论

12.4.1 氢键作用

选取位于 DNA 链中间部分的一对胸腺嘧啶-腺嘌呤（T7-A18，图 12.1a）和胞嘧啶-鸟嘌呤（C9-G16，图 12.1b），计算其相互作用能随模拟时间的变化（见图 12.2）。通过曲线可以看出，胸腺嘧啶-腺嘌呤 Watson-Crick 氢键的相互作用能约为−13.1±1.2kcal mol^{-1}，其中静电相互作用为−12.8±1.9kcal mol^{-1}，占总的相互作用能的 97.7%，为绝对主导。胞嘧啶−鸟嘌呤 Watson−Crick 氢键的相互作用能大约为−25.4±1.6kcal mol^{-1}，明显高于胸腺嘧啶−腺嘌呤相互作用，其中静电相互作用为−25.1±2.3kcal mol^{-1}占主导的同样为静电相互作用（约 98.8%）。通过模拟，把 DNA 中碱基对之间的氢键相互作用实现了量化，与已知的氢键对比（如 O−H⋯O，N−H⋯O 等），学生进一步理解了维持 DNA 二级结构的重要非共价相互作用——互补碱基之间的氢键。同时，对于两种不同类型的 Watson−Crick 氢键相互作用（A−T 和 C−G）从能量的角度上进行区分：胸腺嘧啶−腺嘌呤形成双氢键，而胞嘧啶−鸟嘌呤形成三氢键，三氢键的相互作用明显大于双氢键，但是两种氢键的性质是完全一样的，即都是静电作用占绝对主导。通过相互作用能这一量化的概念，并进一步对相互作用能进行能量分解，学生对 DNA 中氢键相互作用的类型、相互作用能的本质有了更加直观的认识。

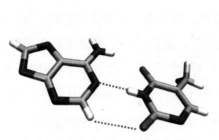

a.胸腺嘧啶（Thy）与腺嘌呤（Ade）

b.胞嘧啶（Cyt）与鸟嘌呤（Gua）

图 12.1　氢键作用结构图

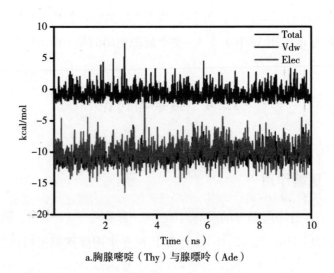

a.胸腺嘧啶（Thy）与腺嘌呤（Ade）

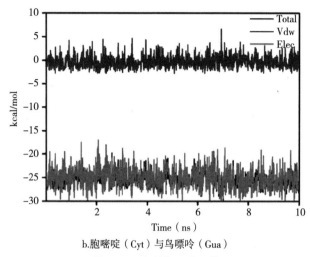

b.胞嘧啶（Cyt）与鸟嘌呤（Gua）

图 12.2　氢键相互作用能

12.4.2　碱基堆积作用

　　碱基之间的堆积作用使得 DNA 内部形成一个强大的疏水作用区，与介质中的水分子隔开，这使互补碱基之间的氢键更稳定，因此堆积作用对于维持 DNA 双螺旋的二级结构有重要意义。为了进一步让学生对碱基堆积作用的理解更加深刻，选取位于 DNA 双螺旋中间的胸腺嘧啶（T7）与其相邻的 5′腺嘌呤（A6）和 3′胸腺嘧啶（T8），以及腺嘌呤（A6）与其相邻的腺嘌呤（A5），计算了其相互作用能，得到相互作用能随模拟时间变化的曲线如图 12.3 所示。从图中可以看到，在所有的堆积作用中 Vdw 占明显主导，这与氢键相互作用明显不同，说明无论是嘧啶与嘧啶、嘧啶与嘌呤还是嘌呤与嘌呤，都是依靠其芳香性环与相邻的碱基产生 π-π 相互作用。但是不同类型的碱基之间作用也不一样，嘧啶与嘧啶的相互作用能（-3.9 ± 0.8kcal mol^{-1}，图 12.3b）略低于嘧啶与嘌呤的相互作用能（-5.6 ± 0.9kcal mol^{-1}，图 12.3a），而嘌呤与嘌呤的相互作用能最高（-7.5 ± 1.1kcal mol^{-1}，图 12.3c）。

　　继续让学生观察模拟得到的轨迹，可以看到，整个模拟过程中 DNA 始终维持稳定的双螺旋结构，相邻碱基之间的距离没有明显变化。通过本部分的计算和展示，学生对抽象的 π-π 相互作用有了形象的认识，进一步理解了 DNA 双螺旋中 π-π 堆积的重要意义，通过对 π-π 相互作用能的量化，学生能区分嘧啶-嘧啶、嘧啶-嘌呤以及嘌呤-嘌呤之间相互作用的异同。

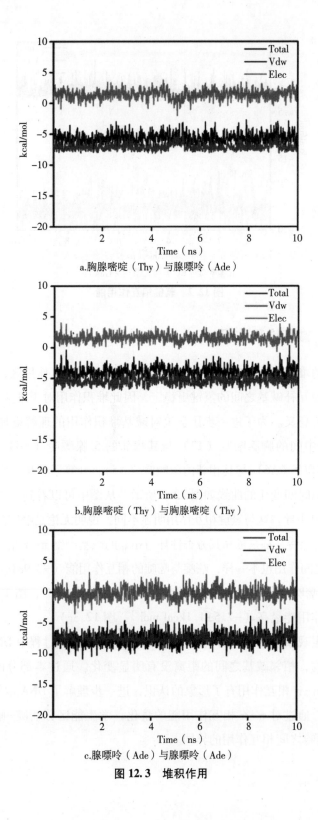

a.胸腺嘧啶（Thy）与腺嘌呤（Ade）

b.胸腺嘧啶（Thy）与胸腺嘧啶（Thy）

c.腺嘌呤（Ade）与腺嘌呤（Ade）

图 12.3　堆积作用

12.4.3 π-π 堆积的破坏

在整个模拟过程中，通过对轨迹的观察，学生注意到 DNA 始终维持稳定的双螺旋结构，相邻碱基之间的距离没有明显变化，DNA 分子周围布满了水分子，但是 DNA 内部始终没有水分子进入，这说明碱基之间的堆积使得 DNA 内部形成一个疏水腔。传统的教科书中只能展示标准的双螺旋 DNA 的静态结构，为了进一步说明这种堆积作用对于维持 DNA 二级结构的重要性，通过逆向思维，借助于 meta-eABF 对其中的一个碱基（T19）拉伸，使其偏离正常的 Watson-Crick 氢键，从而实现破坏其与相邻碱基的堆积作用的目的，然后再观察 DNA，如图 12.4b 所示。可以看到当 T19 翻转出双螺旋后，水分子逐渐进入 DNA 双螺旋的腔内，并进一步与周围碱基形成氢键。其中一个 H_2O 与 T7 的 O2 形成一个键长为 1.86Å、键角为 154° 的氢键；与 A7 的 N1 形成一个键长为 1.94Å、键角为 140° 的氢键；另一个 H_2O 与 T20 的 O4 形成一个键长为 1.80Å、键角为 159° 的氢键。由于这些氢键相互作用都比较强，因此 H_2O 可能进一步破坏 T19 周围的 Watson-Crick 氢键相互作用（A6-T19，T7-A18），最终破坏 DNA 的双螺旋结构。

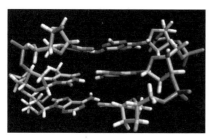 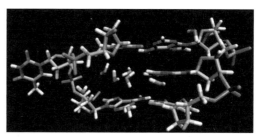

a.破坏前　　　　　　　　　　　　　　　　b.破坏后

图 12.4　堆积作用破坏前后 DNA 双链内部水分子的变化

在本部分中，借助于 meta-eABF 方法，采取破坏碱基堆积的方式，用逆向思维的方式让学生更加深刻认识到碱基堆积作用的重要性，相对书本上生硬的理论知识，这种教学方法给学生留下了深刻印象，对知识点有了更为深入的理解。

12.4.4 DNA 双螺旋多态性的展示

Watson 和 Crick 得到的 B-DNA 是依据相对湿度为 92% 的 DNA 钠盐所得到的 X 射线衍射图提出的，在不同条件下，DNA 会呈现不同的二级结构类型，如 A-DNA、Z-DNA、G-quadruplex 等。DNA 的不同结构已被证明都可以在生物体内存在，并且有重要的意义，其中 A-DNA 是当相对湿度为 75% 时的 DNA 结构，越来越多的研究表明，当与蛋白质结合时，DNA 更可能趋向 A-DNA。A-DNA 的碱基平面倾斜了 20°，每螺旋有 11 对碱基，碱基间垂直距离为 0.26nm，与 B-DNA 相比，A-DNA 的结构更紧密。但是 DNA 的这些复杂的二级结构对于初学者非常抽象，仅仅通过书中静态结构的展示，难以完全理解不同形态 DNA 的区别和联系。为此，使用可视化软件 VMD 把不同形态的 DNA 展示给学生。如图 12.5 所示是同一 DNA 序列（d（CGCGAATTCGCG）2），当 DNA 双螺旋分别为 A 型（图 12.5a）和 B 型（图 12.5b）时的结构图。通过 Licorice 形式结构图的展示，学生直观清晰地看到了 A-DNA 的结构特点，对 A-DNA 和 B-DNA 的区别有了直观的认识。学生也可以利用 VMD 选择不同的绘图形式或者旋转等功能多形式、多角度认识 B-DNA 与 A-DNA 的区别。

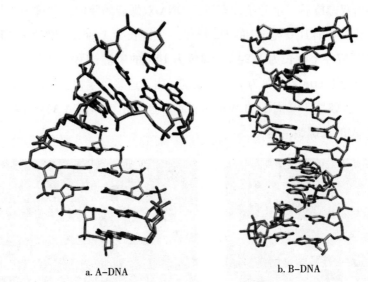

a. A-DNA   b. B-DNA

图 12.5 同一序列（d（CGCGAATTCGCG）2）双螺旋 DNA 不同形态的结构图

12.5 本章小结

分子动力学模拟已被广泛地应用于蛋白质、DNA 等生物大分子体系的研究中。DNA 的二级结构是《生物化学》教学中的重点，探索性将分子动力学模拟结合可视化软件应用于 DNA 二级结构的教学中，让 DNA 的结构变得形象化、具体化，使学生对 DNA 中碱基堆积作用、疏水作用、氢键相互作用、DNA 的多态性等也有了更加直观、深入的理解，提高了生物化学的教学质量。同时，还为感兴趣的学生提供了一种探索、认识、研究 DNA 的方法，激励学生进一步在相关领域深造。

13　胸腺嘧啶二醇 5R，6S 异构体稳定构型的理论研究

13.1　引言

Tg 是人体内最常见的氧化产物，正常细胞每天产生大量的 Tg，Wang Yin-Sheng 等人的最新研究发现，人类基因组中包含数千个 Tg，其在核小体结合位点分布丰富。由于 C5 和 C6 原子的手性，Tg 一旦生成就可能以两对立体异构体混合物的形式存在，即 5R 立体异构体（5R，6S：5R，6R）和 5S 立体异构体（5S，6R：5S，6S）。研究表明，在所有的 DNA 氧化损伤类型中，Tg 对 DNA 聚合酶表现出最强的阻断能力。Tg 能对 DNA 双螺旋结构稳定性产生影响，而修复蛋白对 Tg 的修复表现出明显的立体选择性，一旦不能及时修复，Tg 可以导致细胞死亡、癌症等严重后果。此外，Tg 还是电离辐射诱导 DNA 损伤的主要类型，其与癌症放射治疗有密切关系。由于不宜受到意外氧化等因素的干扰，Tg 也是比 8-oxo-dG 更可靠的人体氧化应激标记物。由于这些特殊的性质，Tg 一直备受关注。

由于数量上的优势，在 Tg 所有的异构体中，5R，6S-Tg 受到的关注最多（图 13.1a）。NMR 实验表明 5R，6S-Tg 的 C5 甲基（5-CH$_3$）可能存在轴向或赤道两种不同构象，并对 DNA 的双螺旋结构产生不同的影响。然而由于 NMR 未能确定 5-CH$_3$ 的取向，5R，6S-Tg 最稳定构象依然存在争论。研究者通过量子化学计算方法对 5R，6S-Tg 的稳定结构进行预测，并判断 5-CH$_3$ 的构象。Stone 等人用 B3LYP 泛函，分别在 6-31G（d）、6-31+G（d，p）、6-31G（d，p）、6-311++G（d，p）水平对基于碱基的 Tg 模型（图 13.1b，简称 Tg′）进行优化得到两种稳定结构，认为当 5-CH$_3$ 取向为轴向时最稳定，而 Maciej Haranczyk 等人的研究认为当糖环存在

时，Tg 的稳定构象发生重要反转，原本不稳定的结构变得稳定，遗憾的是，该研究并未考虑甲基的取向。

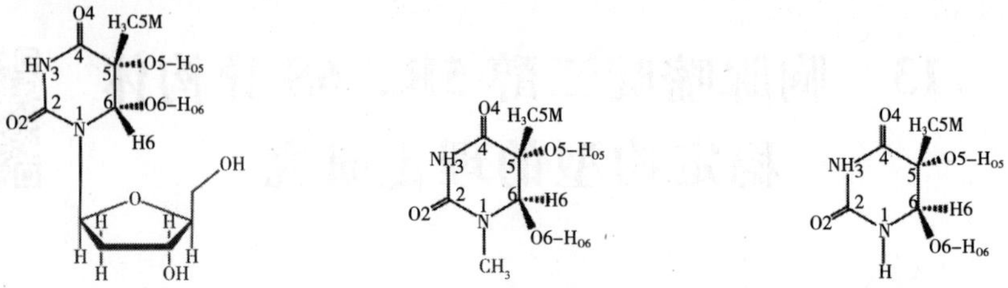

a.本研究使用的模型　　　　b.文献报道使用的模型　　　　c.文献报道使用的模型

图 13.1

在本研究中，从 PDB 晶体结构数据库中提取了两种不同构象的 5R，6S-Tg（简称 Tg）（图 13.1a），以及文献报道中使用的模型（图 13.1b）作为初始结构，运用量子化学计算方法对其最优结构进行探究。选择 M06-2X 泛函结合 6-31+G（d，p）、6-311++G（d，p）基函数对 Tg 进行优化，同时选择 B3LYP 泛函作为比较和对照，两种泛函分别得到三种稳定构象。MP2 和高精度的簇耦合理论 CCSD（T）单点能计算表明，当 5-CH$_3$ 取向为赤道构象时最稳定。进一步的研究发现，当 5-CH$_3$ 取向为赤道构象时，Tg6-羟基（6-OH）能与 O6′ 形成分子内氢键，这种氢键与 π-π 共轭协同作用进一步稳定了构象，这可能是影响 Tg 异构体稳定性的主要因素，而文献报道所使用的模型（图 13.1b、13.1c）忽略了这一重要问题。Tg 一直受到广泛关注，因此这一发现应当引起研究者的重视。

13.2　模型与计算方法

Tg 立体异构体的初始结构全部来自 PDB 晶体结构数据库（PDBID：2KH5，2KH6），基于之前的研究，对磷酸基团进行了质子化处理。因为在非共价相互作用、DNA 以及异构体能量预测等领域的可靠性质，使用 M06-2X 泛函在 6-31+G（d，p）和 6-311++G（d，p）水平分别对基于甲基和核苷的 Tg 模型在气相进行几何优化，分别得到三种稳定构象，并在同一水平上进行频率计算，确认结构为真实极小值。基于优化得到的模型，分别在 MP2 和高精度的簇耦合理论 CCSD（T）水平计算了相应的单点能，以确定 Tg 最稳定构型。为了对比，使用 B3LYP/6-31+G（d，p）和 B3LYP/6-311++G（d，p）对基于核苷水平的 Tg 模型进行几何优化，同样得到

三种稳定构象。所有的结构优化使用 Gaussian09 程序包，CCSD（T）单点能的计算使用 PSI4 程序包。自然键轨道（NBO）分析在 M06-2X/6-311++G（d，p）水平进行。根据对嘧啶碱基的研究经验，本部分涉及的 5-CH$_3$ 轴向或赤道构象，根据 $\alpha_{(C2-N3-C5-C5M)}$ 二面角确定，而对于 5-OH 和 6-OH 分别用二面角 $\beta_{(C2-N3-C5-O5)}$、$\gamma_{(N3-C4-C6-O6)}$ 确定，$80° \leq |\alpha|$，$|\beta|$，$|\gamma| \leq 100°$ 定义为轴向构象，$120° \leq |\alpha|$，$|\beta|$，$|\gamma| \leq 180°$ 定义为赤道构象。

13.3 结果与讨论

13.3.1 碱基水平优化得到的结构

考虑到计算成本，研究者往往使用简化模型研究碱基的结构，如图 13.1b 或图 13.1c 所示。因此，为了与文献报道进行对比，本研究首先在 M06-2X/6-31+G（d，p）和 M06-2X/6-311++G（d，p）水平，使用 N1 端甲基取代的碱基作为模型（见图 13.1a，标记为 Tg′），对 Tg′ 的全部异构体进行了优化，得到三种稳定构象（见图 10.2 所示）。图 13.2a 代表 5-CH$_3$ 取向为赤道构象，图 13.2b 和图 13.2c 都代表 5-CH$_3$ 取向为轴向构象，但是 5-OH 的取向不同。发现在图 13.2a，$\alpha_{(C2-N3-C5-C5M)} = -142.0°$，5-CH$_3$ 取向为赤道构象（定义为 Tg′-eq），$\beta_{(C2-N3-C5-O5)} = 81.9°$，表明 5-OH 呈轴向构象，$\gamma_{(N3-C4-C6-O6)} = 130.0°$，表明 6-OH 呈赤道构象。可以看出，对于 Tg′-eq 构象（图 13.2a），唯一的分子内氢键为 5-OH⋯O6，此时，∠O5H$_{O5}$⋯O6 为 109.8°，dH$_{O5}$⋯O6 为 2.174Å。而对于图 13.2b，$\alpha_{(C2-N3-C5-C5M)} = -83.8°$，5-CH$_3$ 取向为轴向构象（定义为 Tg′-ax1），$\beta_{(C2-N3-C5-O5)} = 140.1°$，表明 5-OH 呈赤道构象，$\gamma_{(N3-C4-C6-O6)} = 97.6°$，表明 6-OH 呈轴向构象。此时，Tg′-ax1 同样只有唯一的分子内氢键 5-OH⋯O6，∠O5H$_{O5}$⋯O6 为 98.3°，dH$_{O5}$⋯O6 为 2.378Å。图 13.2c 得到的结构与图 13.2b 非常接近，$\alpha_{(C2-N3-C5-C5M)} = -82.2°$，5-CH$_3$ 取向为轴向构象（定义为 Tg′-ax2），$\beta_{(C2-N3-C5-O5)} = 141.0°$，表明 5-OH 呈赤道构象，$\gamma_{(N3-C4-C6-O6)} = 96.0°$，表明 6-OH 呈轴向构象。不同的是，在 Tg′-ax2 中，5-OH 与 O4 形成氢键，此时∠O5H$_{O5}$⋯O4 为 115.2°，dH$_{O5}$⋯O4 为 2.145Å。可以看出，在得到的所有异构体中，均存在由 5-OH 参与形成的氢键，但是由于糖环被甲基替代，所有构象中 6-OH 均不能与其他原子形成氢键。

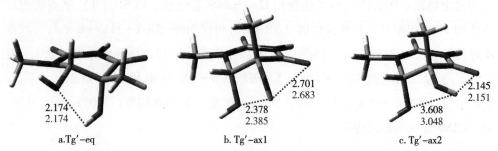

图 13.2   M06-2X/6-31+G（d，p）和 M06-2X/6-311++G（d，p）优化得到的 Tg′稳定结构

为进一步对结果进行验证，本部分继续在 M06-2X/6-311+G（d，p）水平对 Tg′ 进行了优化，得到的主要几何参数见表 13.1，可以看出不同水平基函数得到的几何结构非常接近。M06-2X/6-311+G（d，p）水平的能量表明，5-CH$_3$ 为赤道构象时（Tg′-eq）体系的能量最高，分别比 Tg′-ax1 和 Tg′-ax2 构象高 4.77 和 4.67kcal mol^{-1}，这一结果与 Stone 等人 B3LYP/6-311++G（d，p）得到的结果（赤道构象比轴向构象高 4.42kcal mol^{-1}）非常接近，说明计算结果是可靠的。而 MP2/6-311++G（d，p）和 CCSD（T）/6-311++G（d，p）计算同样表明 Tg′-eq 体系的能量最高，分别比 Tg′-ax1 和 Tg′-ax2 高 6.13 和 5.97kcal mol^{-1}（MP2）或 5.76 和 5.64kcal mol^{-1}（CCSD（T））。

表 13.1   M06-2X/6-31+G（d，p）和 M06-2X/6-311++G（d，p）（括号内）

优化得到的分子内氢键参数，键长：Å，角度：°

	Tg-eq	Tg-ax1	Tg-ax2	Tg′-eq	Tg′-ax1	Tg′-ax2
dH$_{O6}$-O6′	1.875 (1.872)	N/A	N/A	N/A	N/A	N/A
∠O6H$_{O6}$-O6′	159.1 (160.8)	N/A	N/A	N/A	N/A	N/A
dH$_{O6}$-O4′	2.347 (2.369)	N/A	N/A	N/A	N/A	N/A
∠O6H$_{O6}$-O4′	113.2 (113.1)	N/A	N/A	N/A	N/A	N/A
dH$_{O5}$-O6	2.132 (2.124)	2.400 (2.397)	3.079 (3.046)	2.174 (2.174)	2.378 (2.385)	3.068 (3.048)
∠O5H$_{O5}$-O6	112.0 (112.4)	97.2 (97.6)	59.5 (61.4)	109.8 (110.1)	98.3 (98.0)	59.5 (61.8)

续表

	Tg-eq	Tg-ax1	Tg-ax2	Tg′-eq	Tg′-ax1	Tg′-ax2
dH_{05}–O4	N/A	2.658 (2.657)	2.149 (2.156)	N/A	2.701 (2.683)	2.145 (2.151)
$\angle O5H_{05}$–O4	N/A	86.3 (86.2)	115.6 (115.2)	N/A	83.6 (84.4)	115.2 (115.0)

13.3.2　核苷水平优化得到的结构

Maciej Haranczyk 等人的研究认为当糖环存在时，Tg 的稳定构象发生重要反转，不稳定的结构变得稳定。为了进一步探究 Tg 的稳定结构，在核苷水平对 Tg 进行了优化，初始结构全部来自 PDB 晶体结构数据库（PDBID：2KH5，2KH6）。图 13.3 是在 M06-2X/6-31+G (d, p) 水平优化得到的 Tg 结构，在相同水平进行了频率验证，证明得到的结构为局部极小值。图 13.3a 代表 5-CH₃ 取向为赤道构象，图 13.3b 和图 13.3c 都代表 5-CH₃ 取向为轴向构象，但是 5-OH 的取向不同。对于图 13.3a，$\alpha_{(C2-N3-C5-C5M)} = -142.8°$，5-CH₃ 取向为赤道构象（定义为 Tg-eq），$\beta_{(C2-N3-C5-O5)} = 82.0°$，表明 5-OH 呈轴向构象，$\gamma_{(N3-C4-C6-O6)} = 129.2°$，表明 6-OH 呈赤道构象。此时，从距离上看 6-OH 靠近 O4′ 或 O6′，可能与 O4′ 或 O6′ 形成分子内氢键，几何结构分析表明，$\angle O6H_{06}\cdots O4′$ 为 113.2°，$dH_{06}\cdots O4′$ 为 2.347Å，而 $\angle O6H_{06}\cdots O6′$ 为 159.1°，$dH_{06}\cdots O6′$ 为 1.875Å，从几何参数分析，6-OH 更容易与 O6′ 形成氢键。同时，$\angle O5H_{05}\cdots O6$ 为 112.0°，$dH_{05}\cdots O6$ 为 2.132Å，表明 5-OH 可以与 O6 形成氢键。可以看出，由于特殊的结构，两个氢键可能存在协同作用。对于 5-CH₃ 基团为轴向构象的体系（定义为 Tg-ax），研究发现，由于 5-OH 的取向不同，同样得到两种稳定结构，（见图 13.3b 和图 13.3c）。在图 13.3b 中，$\alpha_{(C2-N3-C5-C5M)} = -76.3°$，5-CH₃ 为轴向构象（定义为 Tg-ax1），5-OH 为赤道构象（$\beta_{(C2-N3-C5-O5)} = 146.2°$），6-OH 为轴向构象（$\gamma_{(N3-C4-C6-O6)} = 98.3°$）。此时，由于取向的原因，6-OH 不再与 O4′ 或 O6′ 形成分子内氢键，但是 5-OH 与 O6 分子内氢键依然存在。几何结构分析表明，$\angle O5H_{05}\cdots O6$ 为 97.2°，$dH_{05}\cdots O6$ 仅为 2.400Å。而此时 $dH_{05}\cdots O4$ 为 2.658Å，$\angle O5H_{05}\cdots O4$ 为 86.3°。与 Tg-ax1 非常相似，在图 13.3c 中，$\alpha_{(C2-N3-C5-C5M)} = -75.0°$，5-CH₃ 同样为轴向构象（定义为 Tg-ax2），5-OH 为赤道构象（$\beta_{(C2-N3-C5-O5)} = 146.8°$），6-OH 为轴向构象（$\gamma_{(N3-C4-C6-O6)} = 96.8°$）。不同的是，此时 5-OH 明显偏向于 O4，$\angle O5H_{05}\cdots O4$ 为 115.6°，$dH_{05}\cdots O4$ 为 2.149Å，而 $dH_{05}\cdots O6$ 增加到 3.079Å，$\angle O5H_{05}\cdots O6$ 为 59.5°，

说明 5-OH 与 O4 形成一个比较强的氢键，而不能与 O6 形成氢键。同样，6-OH 均不能与 O4′ 或 O6′ 形成氢键，分子内氢键的详细几何参数见表 13.1。从三种结构可以看出，由于嘧啶环特殊的褶皱结构，6-OH 的取向与 5-CH₃ 的取向保持一致。

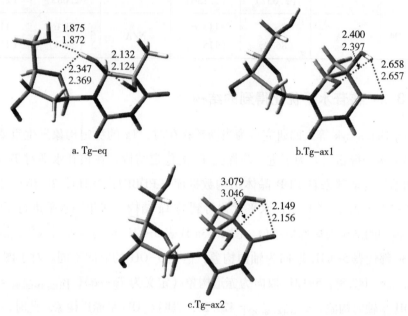

a. Tg-eq   b.Tg-ax1

c.Tg-ax2

图 13.3　M06-2X/6-31+G（d, p）和 M06-2X/6-311++G（d, p）优化得到的 Tg 稳定结构

M06-2X/6-31+G（d, p）能量计算表明，Tg-ax1 和 Tg-ax2 异构体能量非常接近，但是比 Tg-eq 构象的能量要分别高 3.51 和 3.56kcal mol^{-1}。（表 13.2，括号外为绝对能量，括号内为相对能量）。显然，计算结果表明当 5-CH₃ 为赤道构象时 5R, 6S-Tg 更稳定。为了进一步对结果进行验证，本部分在 M06-2X/6-311++G（d, p）水平对三种结构进行优化并同样进行了频率验证，得到的结果如图 13.2 和表 13.1 所示（由于两种方法优化得到的结构基本一致，仅在图中用橙色标出主要几何参数的数值，氢键详细几何参数在表 13.1 括号内）。可以看到，不同基函数得到的结果非常一致。此时，Tg-eq 构象中 ∠O6H$_{O6}$⋯O4′ 为 113.1°，dH$_{O6}$⋯O4′ 为 2.369Å，∠O6H$_{O6}$⋯O6′ 为 160.8°，dH$_{O6}$⋯O6′ 为 1.872Å；∠O5H$_{O5}$⋯O6 为 112.4°，dH$_{O5}$⋯O6 为 2.124Å. 而对于 Tg-ax1，5-OH 同样偏向于 6-OH，∠O5H$_{O5}$⋯O6 为 97.6°，dH$_{O5}$⋯O6 仅为 2.397Å，dH$_{O5}$⋯O4 为 2.657Å，∠O5H$_{O5}$⋯O4 为 86.2°；对于 Tg-ax2，∠O5H$_{O5}$⋯O4 为 115.2°，dH$_{O5}$⋯O4 仅为 2.156Å，而 dH$_{O5}$⋯O6 为 3.046Å，∠O5H$_{O5}$⋯O6 为 61.4°。能量计算表明，Tg-ax1 和 Tg-ax2 异构体能量比 Tg-eq 构象的能量要分别高 3.30 和 3.42kcal mol^{-1}（见表 13.2）。说明对于 Tg 体系，无论是 6-

31+G（d，p）还是更高水平的 6-311++G（d，p）的基函数，使用 M06-2X 泛函优化得到的结果一致。

表 13.2　M06-2X 泛函不同水平计算得到的 Tg（Tg′）异构体能量（kcal mol^{-1}）

	Tg-eq	Tg-ax1	Tg-ax2	Tg′-eq	Tg′-ax1	Tg′-ax2
M06-2X/ 6-31+G (d, p)	-643918.17 (0.00)	-643914.66 (3.51)	-643914.61 (3.56)	-404544.94 (0.00)	-404549.77 (-4.83)	-404549.80 (-4.86)
MP2/ 6-31+G (d, p)	-642391.21 (0.00)	-642388.35 (2.86)	-642388.09 (3.12)	-403584.66 (0.00)	-403590.93 (-6.27)	-403590.83 (-6.17)
M06-2X/ 6-311++G (d, p)	-644086.06 (0.00)	-644082.76 (3.30)	-644082.64 (3.42)	-404650.29 (0.00)	-404655.06 (-4.77)	-404654.96 (-4.67)
MP2/ 6-311++G (d, p)	-642652.42 (0.00)	-642650.48 (1.94)	-642650.22 (2.20)	-403746.82 (0.00)	-403752.95 (-6.13)	-403752.79 (-5.97)
CCSD (T) / 6-311++G (d, p)	-642772.79 (0.00)	-642769.92 (2.87)	-642769.77 (3.02)	-403829.14 (0.00)	-403834.90 (-5.70)	-403834.78 (-5.64)

同样使用 MP2 和高精度的簇耦合理论 CCSD（T）对 Tg 异构体的单点能进行了计算，得到的结果见表 13.2。CCSD（T）/6-311++G（d，p）计算显示 Tg-eq 构象能量分别低于 Tg-ax1 和 Tg-ax2 构象 2.87、3.02kcal mol^{-1}，这一结果与 M062X/6-31+G（d，p）//M062X/6-311++G（d，p）计算得到的结果非常接近，但是与使用简化模型（Tg′）得到的结论完全相反。

表 13.3　B3LYP/6-31+G（d，p）和 B3LYP/6-311++G（d，p）（括号内）
优化得到的分子内氢键参数，键长：Å，角度：°

	Tg-eq	Tg-ax1	Tg-ax2
dH$_{06}$-O6′	1.856 (1.862)	N/A	N/A
∠O6H$_{06}$-O6′	164.1 (165.1)	N/A	N/A
dH$_{06}$-O4′	2.485 (2.497)	N/A	N/A

续表

	Tg-eq	Tg-ax1	Tg-ax2
$\angle O6H_{06}-O4'$	109.7 (109.4)	N/A	N/A
$dH_{05}-O6$	2.130 (2.123)	2.322 (2.307)	3.103 (3.088)
$\angle O5H_{05}-O6$	112.6 (112.9)	101.7 (102.5)	58.6 (59.4)
$dH_{05}-O4$	N/A	2.804 (2.810)	2.138 (2.139)
$\angle O5H_{05}-O4$	N/A	79.8 (79.2)	116.4 (116.3)

B3LYP 是一种常用的杂化泛函，文献对 Tg 的研究也使用了该泛函。为了进一步验证泛函对结果的影响，使用 B3LYP 泛函分别在 6-31+G (d, p) 和 6-311++G (d, p) 水平对 Tg 进行优化。初始结构同样来自 PDB 蛋白晶体结构数据库 (PDBID: 2KH5, 2KH6)。可以看到，B3LYP 泛函得到的氢键的主要几何参数与 M06-2X 泛函得到的结果非常一致 (表 13.3)。B3LYP/6-31+G (d, p) //MP2/6-31+G (d, p) 计算结果表明，Tg-eq 分别比 Tg-ax1、Tg-ax2 构象低 3.41 和 3.50kcal mol^{-1} (见表 13.4)，绝对值略高于 M06-2X/6-31+G (d, p) //MP2/6-31+G (d, p) 计算结果。而 B3LYP/6-311++G (d, p) //MP2/6-311++G (d, p) 计算结果表明，赤道构象分别比轴向 1 和轴向 2 构象低 2.02 和 2.16kcal mol^{-1}，与 M06-2X/6-311++G (d, p) //MP2/6-311++G (d, p) 计算结果非常一致，这说明 M06-2X 泛函计算得到的结果是可靠的。

表 13.4 B3LYP 不同水平计算得到的 Tg 异构体能量 (kcal mol^{-1})

	Tg-eq	Tg-ax1	Tg-ax2
B3LYP/6-31+G (d, p)	−644171.17 (0.00)	−644168.76 (2.41)	−644168.83 (2.34)
MP2/6-31+G (d, p)	−642394.00 (0.00)	−642390.59 (3.41)	−642390.50 (3.50)
B3LYP/6-311++G (d, p)	−644326.81 (0.00)	−644324.72 (2.09)	−633324.78 (2.03)
MP2/6-311++G (d, p)	−642654.89 (0.00)	−642652.87 (2.02)	−642652.73 (2.16)

13.4 NBO 及氢键相互作用能分析

从图 13.2 和图 13.3 可以看到，两种不同模型最大的区别在于 6-OH 能否与周围的 O 形成氢键。本研究使用 Libero J. Bartolotti 等人提出的 Molecular Tailoring Approach（MTA）方法，计算了分子内氢键的相互作用能。M062X/6-311++G（d，p）计算表明，这一氢键的相互作用能约为 5.50kcal mol^{-1}。

自然键轨道理论（NBO）分析用定域轨道相互作用的角度来描述分子内或分子间成键，自然键轨道二阶微扰能能够提供分子内或分子间相互作用的本质和强弱。（$E^{(2)}$）定义为：

$$E^{(2)} = \Delta E_{ij}^{(2)} = q_i \frac{F(i, j)^2}{\varepsilon_j - \varepsilon_i}$$

其中，$F(i, j)$ 为给体轨道（NBOs）φ_i 与受体轨道 φ_j 构成的 Fock 矩阵元，q_i 为给体轨道 φ_i 的占据数，ε_j 和 ε_i 为自然键轨道能量。

基于 M062X/6-311++G（d，p）优化得到的结构，在相同水平进行了 NBO 分析，计算了 O4′ 和 O6′ 孤电子对对相邻轨道的二阶微扰能 $E^{(2)}$，结果显示 O4′ 孤电子对（LP O4′）与 σ^*（O_6-H_{06}）的二阶微扰能 $E^{(2)}$ 为 1.01kcal mol^{-1}，而 O6′ 孤电子对（LP O6′）与 σ^*（O_6-H_{06}）的二阶微扰能 $E^{(2)}$ 高达 9.45kcal mol^{-1}，这表明 O6′ 与 6-OH 的相互作用更强烈，结果与优化得到的几何结构参数一致。同时，二阶微扰能计算结果与体系能量计算结果非常一致。（M06-2X/6-311++G（d，p）能量计算表明，由于考虑了糖环部分，赤道构象的 Tg 能量相对两种轴向构象分别降低 8.07 和 8.09kcal mol^{-1}，非常接近二阶微扰稳定化能的贡献）。

使用 Multiwfn 对分子轨道分析显示，由于特殊的几何结构，O6′ 的 π 轨道与 O6 的 π 轨道非常接近面对面的共轭关系，这种特殊的氢键和 π-π 共轭的协同作用让 Tg-eq 构象更加稳定（见图 13.4）。

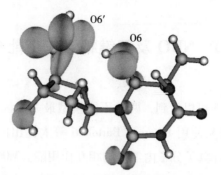

图 13.4　LPO6 和 LPO6′π-π 相互作用示意图

13.5　本章小结

　　本研究中，分别使用可靠的 M06-2X 和 B3LYP 泛函，结合 6-31+G（d，p）和 6-311++G（d，p）基函数对 5R，6S-Tg 的两种模型进行优化，分别得到三种稳定构象，使用高精度的耦合簇理论 CCSD（T）计算了体系的单点能。研究表明，Tg 6-OH 可以与 O6′以氢键和 π-π 共轭协同作用的方式稳定 Tg，并对 Tg 立体结构的稳定性产生重要影响。基于碱基水平的模型由于忽略了糖环和 O6′的影响，得到的结论并不可靠。因此，本研究认为对于胸腺嘧啶二醇（Tg）的理论研究，选取模型应至少基于核苷水平。而基于合理的模型，M06-2X 和 B3LYP 泛函结合 6-31+G（d，p）基函数得到的结论是可靠的。研究还表明，6-OH 取向的变化对于 Tg 的结构非常重要。由于靠近 DNA 磷酸骨架的外侧，6-OH 除了可以形成分子内氢键，还可能与相邻碱基或氨基酸的 N、O 等电负性强的原子形成分子间氢键，进而对 Tg 异构体的分布产生影响。Tg 是一种著名的氧化损伤，且存在多种立体异构体，因此 Tg 稳定异构体的确定对于 DNA 氧化损伤领域的研究有重要的意义。本部分的研究为 Tg 以及其他类型 DNA 氧化损伤的研究提供了重要的启示。

主要参考文献

［1］侯彦君，蔡开聪．Discovery studio 软件在生物化学教学中的应用．化学教育，2019（2）．

［2］江婷，翟帆帆，钟珊珊．DNA 损伤修复的单分子水平研究进展．自然杂志，2022（1）．

［3］钟红梅，蔡开聪．AutoDock 软件在生物化学教学中的应用．化学教育，2020（6）．

［4］王树栋，郑璇．分子动力学模拟在生物化学课程教学中的探索，凯里学院学报，2024（6）．

［5］Brown, K. L., Basu, A. K., Stone, M. P. The cis-（5R，6S）-Thymine Glycol Lesion Occupies the Wobble Position When Mismatched with Deoxyguanosine in DNA. Biochemistry 2009（41）．

［6］Chatgilialoglu, C., Ferreri, C., Terzidis, M. A. Purine 5′, 8-cyclonucleoside lesions：chemistry and biology. Chem. Soc. Rev. 2011（3）．

［7］Carter, K. N., Greenberg, M. M. Independent Generation and Study of 5, 6-Dihydro-2′-deoxyuridin-6-yl, a Member of the Major Family of Reactive Intermediates Formed in DNA from the Effects of γ-Radiolysis. J. Org. Chem. 2003（11）．

［8］Cepeda-Plaza, M., McGhee, C. E., Lu, Y. Evidence of a General Acid-Base Catalysis Mechanism in the 8-17 DNAzyme. Biochemistry 2018（9）．

［9］Chaban, G. M., Wang, D., Huo, W. M. Ab Initio Study of Guanine Damage by Hydroxyl Radical. J. Phys. Chem. A 2015（2）．

［10］Da, L. T., Yu, J. Base-flipping dynamics from an intrahelical to an extrahelical state exerted by thymine DNA glycosylase during DNA repair process. Nucleic Acids Res. 2018（11）．

［11］Dizdaroglu, M., Jaruga, P. Mechanisms of free radical-induced damage to

DNA. Free Radic. Res. 2012 (4).

［12］ Digiovanna, J. J. , Kraemer, K. H. Shining a Light on Xeroderma Pigmentosum. J. Invest. Dermatol. 2012 (3).

［13］ Dizdaroglu, M. , Kirkali, G. , Jaruga, P. Formamidopyrimidines in DNA: mechanisms of formation, repair, and biological effects. Free Radic. Biol. Med. 2008 (12).

［14］ Darve, E. , Rodriguez – Gomez, D. , Pohorille, A. Adaptive biasing force method for scalar and vector free energy calculations. J. Chem. Phys. 2008 (14).

［15］ Douki, T. , Rivière, J. , Cadet, J. DNA tandem lesions containing 8 – oxo – 7, 8-dihydroguanine and formamido residues arise from intramolecular addition of thymine peroxyl radical to guanine. Chem. Res. Toxicol. 2002 (3).

［16］ Duguid, E. M. , Mishina, Y. , He, C. How do DNA repair proteins locate potential base lesions? a chemical crosslinking method to investigate O6 – alkylguanine – DNA alkyltransferases. Chem. Biol. 2003 (9).

［17］ Gerhard H. , A. S. Optimal Dimensionality Reduction of Multistate Kinetic and Markov-State Models. 2014 (29).

［18］ Giudice, E. , Lavery, R. Nucleic acid base pair dynamics: The impact of sequence and structure using free-energy calculations. J. Am. Chem. Soc. 2003 (17).

［19］ Hong, I. S. , Carter, K. N. , Greenberg, M. M. Evidence for Glycosidic Bond Rotation in a Nucleobase Peroxyl Radical and Its Effect on Tandem Lesion Formation. J. Org. Chem. 2004 (21).

［20］ Harrach, M. F. , Drossel, B. Structure and dynamics of TIP3P, TIP4P, and TIP5P water near smooth and atomistic walls of different hydroaffinity. J. Chem. Phys. 2014 (17).

［21］ Hong, I. S. , Ding, H. , Greenberg, M. M. Oxygen Independent DNA Interstrand Cross-Link Formation by a Nucleotide Radical. J. Am. Chem. Soc. 2006 (2).

［22］ Huang, J. , MacKerell, A. D. , Jr. CHARMM36 all – atom additive protein force field: Validation based on comparison to NMR data. J. Comput. Chem. 2013 (25).

［23］ Jena, N. R. DNA damage by reactive species: Mechanisms, mutation and repair. J. Biosci. 2012 (3).

［24］ Jacobs, A. C. , Resendiz, M. J. E. , Greenberg, M. M. Product and Mechanistic Analysis of the Reactivity of a C6-Pyrimidine Radical in RNA. J. Am. Chem. Soc. 2011 (13).

［25］ Kuznetsov, N. A., Fedorova, O. S. Thermodynamic Analysis of Fast Stages of Specific Lesion Recognition by DNA Repair Enzymes. Biochemistry（Mosc）2016（10）.

［26］ Kingsland, A., Maibaum, L. DNA Base Pair Mismatches Induce Structural Changes and Alter the Free-Energy Landscape of Base Flip. J. Phys. Chem. B. 2018（51）.

［27］ Law, S. M., Feig, M. Base-flipping mechanism in postmismatch recognition by MutS. Biophys J. 2011（9）.

［28］ Lee, C., Lee, J. Y., Kim, D. N. Polymorphic design of DNA origami structures through mechanical control of modular components. Nat. Commun. 2017（1）.

［29］ Lowe, F. J., Luettich, K., Gregg, E. O. Lung cancer biomarkers for the assessment of modified risk tobacco products: an oxidative stress perspective. Biomarkers 2013（3）.

［30］ Levintov, L., Paul, S., Vashisth, H. Reaction Coordinate and Thermodynamics of Base Flipping in RNA. J. Chem. Theory. Comput. 2021（3）.

［31］ Lemkul, J. A. Same fold, different properties: polarizable molecular dynamics simulations of telomeric and TERRA G-quadruplexes. Nucleic Acids Res. 2020（48）.

［32］ Makropoulos W., Kocher K., B., H. Urinary thymidine glycol as a biomarker for oxidative stress after kidney transplantation. Renal Failure 2000（22）.

［33］ Memisoglu, A., Samson, L. Base excision repair in yeast and mammals. Mutat. Res. 2000（1）.

［34］ Metzner, P., Schütte, C. Vanden-Eijnden, E., Transition Path Theory for Markov Jump Processes. Multiscale Model. Simul. 2009（7）.

［35］ Milhøj, B. O., Sauer, S. P. A. Insight into the Mechanism of the Initial Reaction of an OH Radical with DNA/RNA Nucleobases: A Computational Investigation of Radiation Damage. Chemistry 2016（21）.

［36］ Ma, N., van der Vaart, A. Free Energy Coupling between DNA Bending and Base Flipping. J. Chem. Inf. Model. 2017（8）.

［37］ Niles, J. C., Wishnok, J. S. Tannenbaum, S. R., Spiroiminodihydantoin is the major product of the 8-oxo-7, 8-dihydroguanosine reaction with peroxynitrite in the presence of thiols and guanosine photooxidation by methylene blue. Organic Letters 2001（3）.

［38］ Pfeifer, G. P. p53 mutational spectra and the role of methylated CpG sequences.

Mutat. Res. 2000 （1）.

［39］ Pande, V. S. , Beauchamp, K. , Bowman, G. R. Everything you wanted to know about Markov State Models but were afraid to ask. Methods 2010 （1）.

［40］ Parker, A. R. , Eshleman, J. R. Human MutY: gene structure, protein functions and interactions, and role in carcinogenesis. Cell Mol. Life Sci. 2003 （10）.

［41］ Perkett, M. , Hagan, M. Using Markov State Models to Study Self－Assembly. In APS March Meeting 2014 （21）.

［42］ Priyakumar, U. D. , Mackerell, A. D. Base Flipping in a GCGC Containing DNA Dodecamer: A Comparative Study of the Performance of the Nucleic Acid Force Fields, CHARMM, AMBER, and BMS. J. Chem. Theory & Comput. 2006 （2）.

［43］ Priyakumar, U. D. , MacKerell, A. D. Computational Approaches for Investigating Base Flipping in Oligonucleotides. Chem. Rev. 2006 （2）.

［44］ Porecha, R. H. , Stivers, J. T. Uracil DNA glycosylase uses DNA hopping and short－range sliding to trap extrahelical uracils. Proc. Natl. Acad. Sci. U. S. A. 2008 （31）.

［45］ Robert, G. , Wagner, J. R. Tandem Lesions Arising from 5 － （ Uracilyl ） methyl Peroxyl Radical Addition to Guanine: Product Analysis and Mechanistic Studies. Chem. Res. Toxicol. 2020 （2）.

［46］ Schneider, T. D. Strong minor groove base conservation in sequence logos implies DNA distortion or base flipping during replication and transcription initiation. Nucleic Acids Res. 2001 （23）.

［47］ Sadeghian k. Ribose－Protonated DNA Base Excision Repair: A Combined Theoretical and Experimental Study. Angew. Chem. Int. Ed. 2014 （38）.

［48］ Savelyev, A. Assessment of the DNA partial specific volume and hydration layer properties from CHARMM Drude polarizable and additive MD simulations. Phys. Chem. Chem. Phys. 2021 （17）.

［49］ Stanley, N. , Esteban－Martín, S. , De Fabritiis, G. Kinetic modulation of a disordered protein domain by phosphorylation. Nature Commun. 2014 （5）.

［50］ Sloane, J. L. , Greenberg, M. M. Interstrand Cross － Link and Bioconjugate Formation in RNA from a Modified Nucleotide. J. Org. Chem. 2014 （20）.

［51］ Stephens, D. C. , Poon, G. M. Differential sensitivity to methylated DNA by ETS － family transcription factors is intrinsically encoded in their DNA － binding domains. Nucleic Acids Res. 2016（18）.

［52］Sun, H., Taverna Porro, M. L. Greenberg, M. M. Independent Generation and Reactivity of Thymidine Radical Cations. J. Org. Chem. 2017（20）.

［53］Tallman, K. A., Greenberg, M. M. Oxygen－Dependent DNA Damage Amplification Involving 5, 6－Dihydrothymidin－5－yl in a Structurally Minimal System. J. Am. Chem. Soc. 2001（22）.

［54］Tian, J., Wang, L., Da, L. T. Atomic resolution of short－range sliding dynamics of thymine DNA glycosylase along DNA minor－groove for lesion recognition. Nucleic Acids Res. 2021,（3）.

［55］Várnai, P., Canalia, M., Leroy, J.－L. Opening Mechanism of G·T/U Pairs in DNA and RNA Duplexes: A Combined Study of Imino Proton Exchange and Molecular Dynamics Simulation. J. Am. Chem. Soc. 2004（44）.

［56］Wagner, J. R., Cadet, J. Oxidation Reactions of Cytosine DNA Components by Hydroxyl Radical and One－Electron Oxidants in Aerated Aqueous Solutions. Acc. Chem. Res. 2013（4）.

［57］Wagner, J. R., Madugundu, G. S., Cadet, J., Ozone－Induced DNA Damage: A Pandora's Box of Oxidatively Modified DNA Bases. Chem. Res. Toxicol. 2021（1）.

［58］Wang, R., Xu, D. Molecular dynamics investigations of oligosaccharides recognized by family 16 and 22 carbohydrate binding modules. Phys. Chem. Chem. Phys. 2019（21）.

［59］Wang, S. D.; Zhang, R. B.; Cadet, J. Enhanced reactivity of the pyrimidine peroxyl radical towards the C－H bond in duplex DNA－a theoretical study. Org. & Biom. Chem. 2020（18）.

［60］Wang, S. D., Zhang, R. B., Leif A. Erikson. Constructing Markov State Models to elucidate Stability of the DNA Duplex Influenced by the Chiral 5S－Tg base. Nucleic Acids Res. 2022（16）.

［61］Wang, S. D.; Zhang, R. B.; Leif A. Erikson. Dynamics of 5R－Tg Base Flipping in DNA Duplexes based on Simulations－Agreement with Experiments and Beyond. J. Chem. Inf. Model. 2022（2）.

［62］Wang, S. D.; Zheng, X.; Wu, J. J. The Base Flipping of A－DNA－a Molecular Dynamic Simulation Study. Struct. Chem. 2024（2）.

［63］ Xie, Y. C. , Eriksson, L. A. , Zhang, R. B. Molecular dynamics study of the recognition of ATP by nucleic acid aptamers. Nucleic Acids Res. 2020 （12）.

［64］ Zhao, S. , Eriksson, L. A. , Zhang, R. -b. , Theoretical Insights on the Inefficiency of RNA Oxidative Damage under Aerobic Conditions. J. Phys. Chem. A 2018 （1）.

［65］ Zhu, C. , Yi, C. Switching demethylation activities between AlkB family RNA/DNA demethylases through exchange of active-site residues. Angew. Chem. Int. Ed. Engl. 2014, 14.

［66］ Zhao, S. , Zhang, R. B. , Li, Z. S. , A new understanding towards the reactivity of DNA peroxy radicals. Phys. Chem. Chem. Phys. 2016 （34）.

附录 A　DNA 嘧啶过氧自由基对 C-H 键反应活性的研究

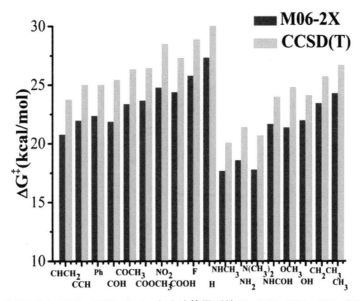

图 A1　基于 M06-2X 和 CCSD（T）方法计算得到的 X-CH2-CH2-CH2-OO 模型中过氧自由基抽提 H 的 $\Delta G^{\ddagger}$

ds-5′TA˙3′　　　　　　　　　　　　ss-5′TA˙3′

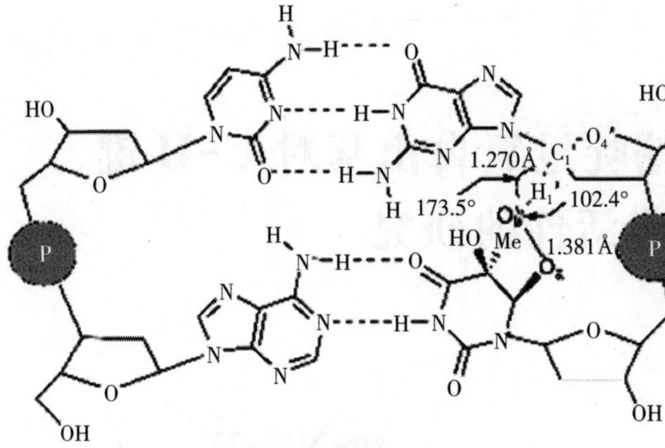

ds–5′TG*3′

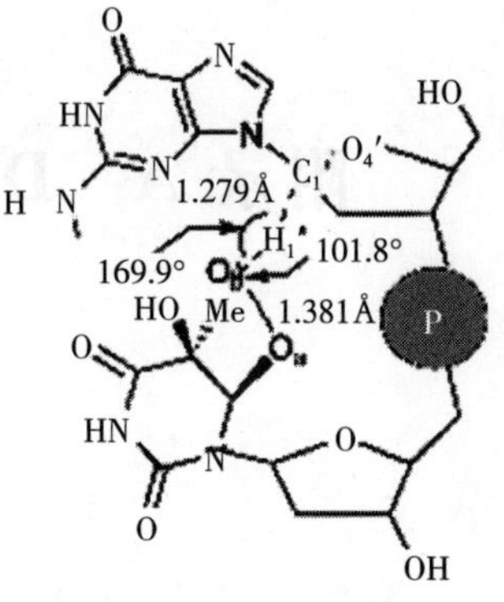

ss–5′TG*3′

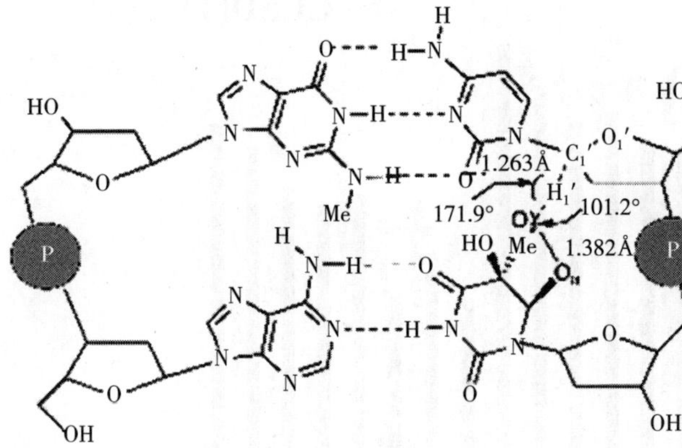

ds–5′TCa*3′

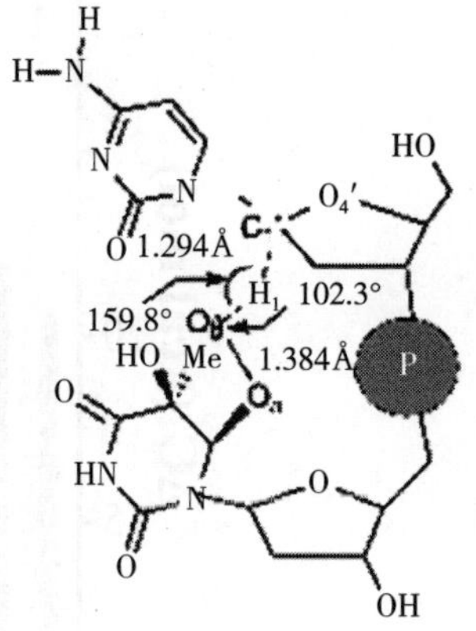

ss–5′TC*3′

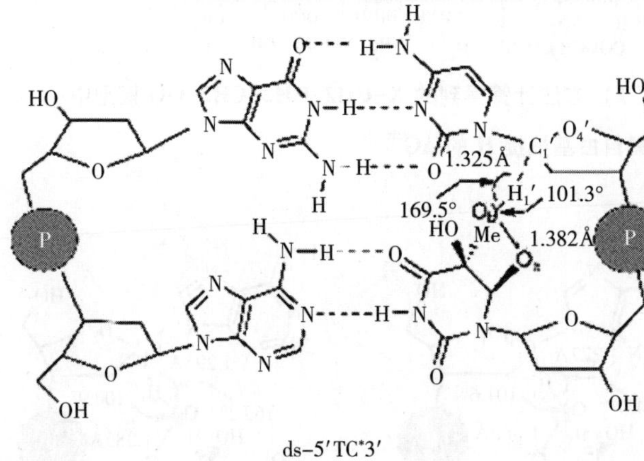

ds–5′TC*3′

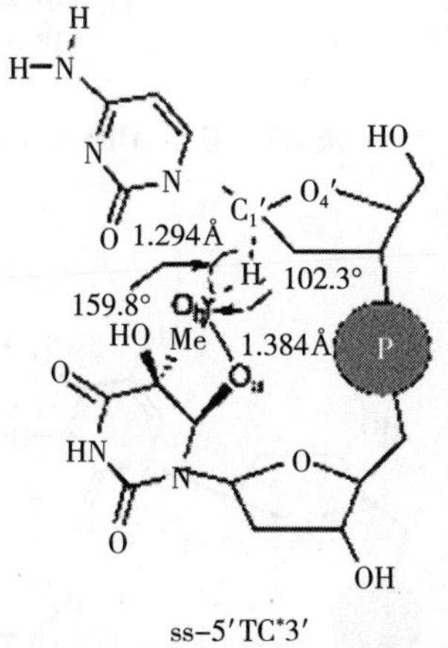

ss–5′TC*3′

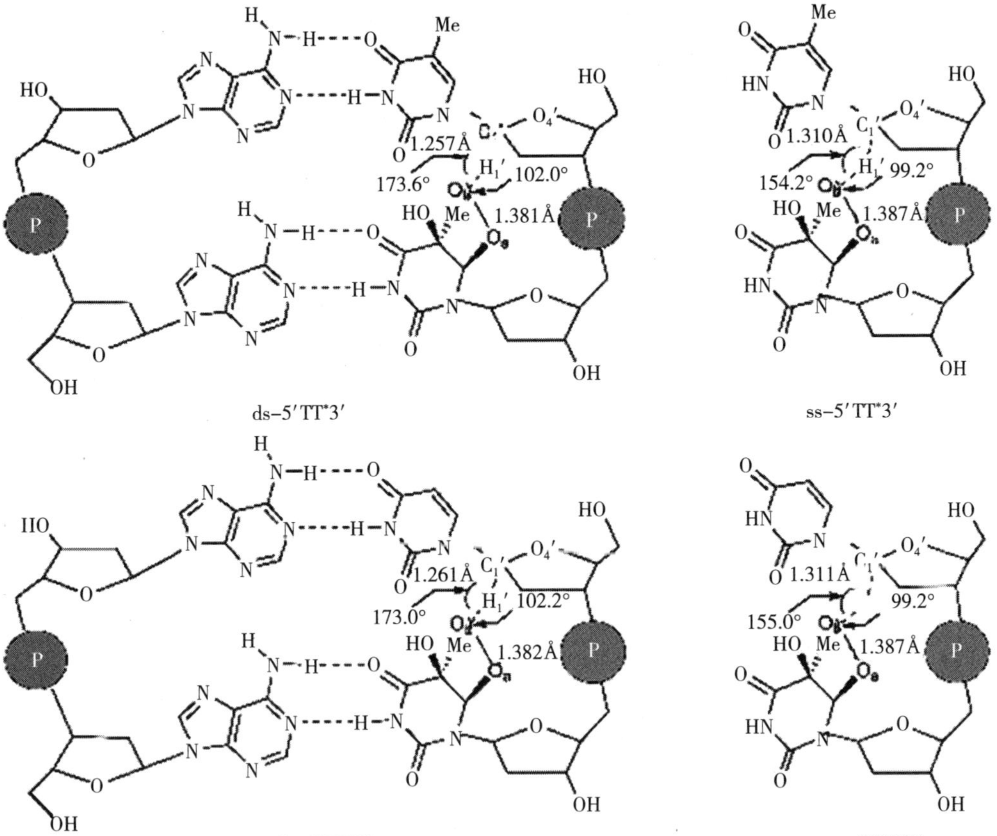

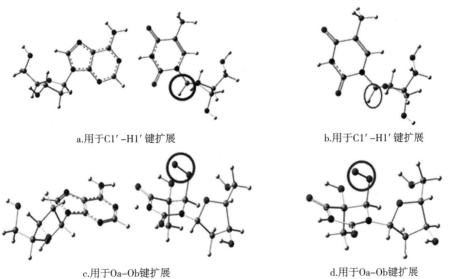

ds–5′TT*3′　　　　　　　ss–5′TT*3′

ds–5′TU*3′　　　　　　　ss–5′TU*3′

图 A2　优化得到的所有过渡态结构

a.用于C1′–H1′键扩展　　　　　　　b.用于C1′–H1′键扩展

c.用于Oa–Ob键扩展　　　　　　　d.用于Oa–Ob键扩展

图 A3　用于计算重组能量（**preparatory energy**）的模型分子

表 A1　熵效应、热效应、热校正、能量和虚频

熵对反应活化能的影响（in kcal mol^{-1}）

		5′AT*3′	5′GT*3′	5′C$_a$T*3′	5′CT*3′	5′TT*3′	5′UT*3′
ds	298 * ΔS	−0.7	−2.9	−1.8	−0.6	−1.6	−0.9
ss	298 * ΔS	−1.7	−2.3	−2.1	−2.1	−1.1	−1.1

热校正对双链 5′X T*3′ 及对应的单链 5′X T*3′ 的过氧自由基提取 H1′ 的

活化能和反应能（kcal mol^{-1}）的影响[a]

		Thermal correction[b]	Thermal correction[c]	Thermal correction[d]
5′AT*3′	A. E.	−3.9 (−3.1)	−4.6 (−4.8)	−4.6 (−4.8)
	R. E.	−1.4 (−0.6)	−0.6 (−0.4)	−0.6 (−0.4)
5′GT*3′	A. E.	−0.9 (−1.6)	−3.8 (−3.9)	−3.8 (−3.9)
	R. E.	1.3 (1.3)	−0.3 (−0.6)	−0.3 (−0.6)
5′C$_a$T*3′	A. E.	−2.1 (−2.4)	−3.8 (−4.4)	−3.8 (−4.4)
	R. E.	0.1 (0.3)	−0.3 (−0.4)	−0.3 (−0.4)
5′CT*3′	A. E.	−4.1 (−2.4)	−4.7 (−4.4)	−4.7 (−4.4)
	R. E.	−0.7 (0.3)	−0.5 (−0.4)	−0.5 (−0.4)
5′TT*3′	A. E.	−2.3 (−3.3)	−3.8 (−4.4)	−3.8 (−4.4)
	R. E.	1.5 (0.6)	0.9 (−0.4)	0.9 (−0.4)
5′UT*3′	A. E.	−2.8 (−3.3)	−4.2 (−4.4)	−4.2 (−4.4)
	R. E.	−0.1 (0)	−0.4 (−0.6)	−0.4 (−0.6)

[a] 括号内为单链 5′X T*3′，[b] 吉布斯自由能的热修正，[c] 焓修正，[d] 对能量的热修正，A. E. =活化能，R. E. =反应能

所有结构的吉布斯自由能热修正、焓热修正和能量热修正[a]

		5′AT*3′	5′GT*3′	5′C$_a$T*3′	5′CT*3′	5′TT*3′	5′UT*3′
Thermal correction to gibbs free energy	Reactant	0.933851 (0.461792)	0.92751 (0.466523)	0.949957 (0.449293)	0.925581 (0.449293)	0.931209 (0.463874)	0.906372 (0.437568)
	TS	0.927694 (0.45678)	0.919281 (0.463961)	0.946658 (0.445498)	0.918967 (0.445498)	0.927588 (0.458548)	0.901882 (0.432318)
	Product	0.931683 (0.460861)	0.922756 (0.468352)	0.950138 (0.449813)	0.924402 (0.449813)	0.933525 (0.464781)	0.906189 (0.437524)

续表

		5′AT*3′	5′GT*3′	5′C$_a$T*3′	5′CT*3′	5′TT*3′	5′UT*3′
Thermal correction to Enthalpy	Reactant	1.114945 (0.570195)	1.102834 (0.575918)	1.132887 (0.555756)	1.10398 (0.555756)	1.11439 (0.573418)	1.085066 (0.543672)
	TS	1.107629 (0.562477)	1.096789 (0.569727)	1.126766 (0.548695)	1.096404 (0.548695)	1.108264 (0.566398)	1.078368 (0.536652)
	Product	1.113922 (0.56963)	1.102429 (0.568767)	1.132424 (0.555155)	1.103187 (0.555155)	1.114526 (0.572765)	1.084436 (0.542723)
Thermal correction to Energy	Reactant	1.11400 (0.56925)	1.101889 (0.574973)	1.131942 (0.554812)	1.103035 (0.554812)	1.113446 (0.572474)	1.04122 (0.542728)
	TS	1.106685 (0.561533)	1.095845 (0.568783)	1.125822 (0.547751)	1.09546 (0.547751)	1.10732 (0.565454)	1.077423 (0.535708)
	Product	1.112978 (0.568686)	1.101485 (0.567823)	1.131479 (0.554211)	1.102243 (0.554211)	1.113582 (0.571821)	1.083492 (0.541779)

ª 单链 5′X T*3′在括号内

所有计算结构的能量（单位：Hartree）和虚频（单位：cm^{-1}）

		5'AT*3'	5'GT*3'	5'C$_a$T*3'	5'CT*3'	5'TT*3'	5'UT*3'
ds	Energy Reac	-4734.223270	-4750.274796	-4789.558301	-4750.278642	-4734.216547	-4694.914696
	Energy TS	-4734.190365	-4750.241661	-4789.527602	-4750.232345	-4734.186459	-4694.884862
	Energy Prod	-4734.219722	-4750.272479	-4789.556565	-4750.269084	-4734.214427	-4694.912245
	Virtual frequency	1935i (3976)[a]	1863i (3898)	1821i (4750)	2258i (4725)	1767i (4524)	1786i (4408)
ss	Energy Reac	-2480.124031	-2555.338297	-2407.749890	-2407.749890	-2466.930804	-2427.629286
	Energy TS	-2480.085927	-2555.292580	-2407.712211	-2407.712211	-2466.889470	-2427.587859
	Energy Prod	-2480.113097	-2555.322030	-2407.743384	-2407.743384	-2466.919777	-2427.617913
	Virtual frequency	2070i (5335)	1885i (3885)	2008i (5131)	2008i (5131)	2120i (4038)	2131i (4090)

[a] 括号内的值代表 IR（in km mol^{-1}）

表A2　在 M06-2X/6-31+G（d，p）水平计算得到的天然脱氧核糖核酸 C1′–H1′的 BDE、DPE 和 BDFE

	Method	dAMP	dGMP	dCMP	dTMP	dUMP
ds	BDE	95.4	92.1	95.0	95.4	95.4
	DPE	396.6	385.9	389.8	393.3	389.5
	BDFE	86.0	83.1	85.4	86.4	86.4
ss	BDE	94.4	94.4	94.5	95.8	95.7
	DPE	390.8	389.3	393.5	392.5	391.1
	BDFE	85.6	85.6	86.5	86.9	86.8

表A3　X–CH$_2$–CH$_2$–CH$_2$–OO$^{\cdot}$ 模型中，过氧自由基抽提 H 的 $\Delta G^{\ddagger}$ 和 ΔGrxn （单位：kcal mol^{-1}）

Substituent	M06-2X		CCSD（T）	
	$\Delta G^{\ddagger}$	ΔGrxn	$\Delta G^{\ddagger}$	ΔGrxn
CHCH$_2$	20.8	1.9	23.8	2.9
CCH	22.0	5.3	25.0	6.6
Ph	22.4	5.9	25.3	9.0
COH	21.9	6.5	25.4	8.7
COCH$_3$	23.4	7.3	26.4	9.3
COOCH$_3$	23.7	8.9	26.4	10.7
NO$_2$	24.8	8.9	28.5	12.1
COOH	24.4	9.4	27.3	11.3
F	25.8	15.2	28.9	16.8
H	27.3	19.4	30.0	20.2
NHNH$_3$	17.7	8.7	21.4	10.5
NH$_2$	18.6	9.1	20.7	11.3
NCH$_3$CH$_3$	17.8	9.2	24.0	11.4
NHCOH	21.7	11.2	24.0	12.7
OCH$_3$	21.4	11.3	24.8	12.8
OH	22.0	11.4	24.1	13.1
CH$_2$CH$_3$	23.5	15.2	25.7	16.5
CH$_3$	24.3	15.4	26.7	16.7

表 A4　σ*（C1′-H1′）和电子供体之间的重要的二阶微扰能（E$^{(2)}$，kcal mol^{-1}）^{a}

	5′AT*3′	5′GT*3′	5′C$_a$T*3′	5′CT*3′	5′TT*3′	5′UT*3′
BD（C1′-C2′）	0.9（0.9）	0.9（0.8）	0.9（0.9）	0.9（0.9）	0.8（1.0）	0.9（0.9）
BD（C2′-H2′）	3.1（2.5）	3.0（2.1）	3.0（1.6）	2.7（1.6）	3.1（2.5）	3.0（2.5）
LP（O4′）	7.3（6.6）	6.9（7.6）	6.8（7.0）	6.4（7.0）	7.1（6.7）	6.8（6.7）
BD（O$_a$-O$_b$）	0.5（1.0）	0.6（1.2）	0.2（0.5）	0.4（0.5）	0（0.7）	0（0.7）
LP（O$_a$′）	1.9（1.6）	3.9（1.0）	1.1（0.3）	1.6（0.3）	1.0（0.9）	1.0（0.9）
LP（O$_b$′）	2.8（0.8）	0.4（1.6）	3.8（0.5）	4.5（0.5）	2.8（1.8）	3.5（1.4）
BD（N9-C8）	0.5（1.0）	0.5（0.7）	N/A	N/A	N/A	N/A
BD（N1-C）	N/A	N/A	3.0（2.4）	1.7（2.4）	0（2.1）	1.2（1.9）
BD＊（N1-C）	N/A	N/A	N/A	N/A	1.5（0）	0（1.3）
LP（N1）	N/A	N/A	N/A	N/A	2.0（0）	1.7（0）
Total	17.0（14.4）	16.2（15.0）	18.8（13.1）	18.2（13.1）	18.3（15.7）	18.1（16.4）

^{a} 单链 5′XT*3′在括号内

表 A5　双链和相应单链 DNA 中 C1′-H1′和 Ob-Oa 成键和反键轨道的
电子占据数（双链在括号外单链在括号内）

	5′AT*3′	5′GT*3′	5′C$_a$T*3′	5′CT*3′	5′TT*3′	5′UT*3′
BD（1）C1′-H1′	1.978（1.979）	1.976（1.979）	1.974（1.979）	1.977（1.979）	1.975（1.979）	1.974（1.979）
BD＊（1）C1′-H1′	0.035（0.034）	0.037（0.035）	0.037（0.035）	0.034（0.035）	0.038（0.034）	0.037（0.034）
BD（1）Ob-Oa	1.992（1.992）	1.992（1.993）	1.991（1.993）	1.991（1.993）	1.992（1.992）	1.992（1.992）
BD＊（1）Ob-Oa	0.010（0.010）	0.013（0.011）	0.015（0.012）	0.012（0.012）	0.011（0.011）	0.011（0.011）
BD（1）Ob-Oa	0.987（0.987）	0.987（0.987）	0.988（0.988）	0.989（0.988）	0.988（0.987）	0.988（0.987）
BD＊（1）Ob-Oa	0.023（0.010）	0.023（0.009）	0.014（0.010）	0.015（0.010）	0.011（0.011）	0.012（0.011）

表 A6　双链和相应单链 DNA 反应物和过渡态结构中的 $\angle C1'H1'O_b$，$\angle H1'O_bO_a$（°）和 $dC1'-H1'$，dO_b-O_a（Å）

		5′AT*3′	5′GT*3′	5′C$_a$T*3′	5′CT*3′	5′TT*3′	5′UT*3′
Reactant	$\angle C1'H1'O_b$	159.2 (171.7)	169.5 (147.7)	140.0 (154.7)	163.9 (154.7)	130.0 (175.0)	135.4 (113.2)
	$\angle H1'O_bO_a$	69.7 (69.4)	56.3 (69.2)	77.0 (78.1)	74.1 (78.1)	76.2 (76.5)	76.7 (76.9)
	$d_{C1'-H1'}$	1.094 (1.093)	1.093 (1.092)	1.092 (1.092)	1.091 (1.092)	1.094 (1.092)	1.093 (1.092)
	d_{Ob-Oa}	1.299 (1.304)	1.303 (1.303)	1.300 (1.302)	1.301 (1.302)	1.307 (1.304)	1.300 (1.304)
TS	$\angle C1'H1'O_b$	174.0 (169.2)	173.5 (169.9)	171.9 (159.8)	169.5 (159.8)	173.6 (154.2)	173.0 (155.0)
	$\angle H1'O_bO_a$	101.6 (100.9)	102.4 (101.8)	101.2 (102.3)	101.3 (102.3)	102.0 (99.2)	102.2 (99.2)
	$d_{C1'-H1'}$	1.277 (1.295)	1.270 (1.279)	1.263 (1.294)	1.325 (1.294)	1.257 (1.310)	1.261 (1.311)
	d_{Ob-Oa}	1.382 (1.386)	1.381 (1.381)	1.382 (1.384)	1.382 (1.384)	1.381 (1.387)	1.382 (1.387)

表 A7　$\pi*$ 和 σ（C1′-H1′）的分子轨道能隙（ΔE，ev）

		5′AT*3′	5′GT*3′	5′C$_a$T*3′	5′CT*3′	5′TT*3′	5′UT*3′
ds	$\pi*$（O_a-O_b）	-9.7	-9.6	-9.7	-9.5	-9.6	-9.5
	σ（C1′-H1′）	-11.1	-10.9	-11.3	-11.5	-11.1	-10.4
	ΔE	1.4	1.3	1.6	2.0	1.5	0.9
ss	$\pi*$（O_a-O_b）	-9.7	-10.5	-9.0	-9.0	-9.7	-9.4
	σ（C1′-H1′）	-11.6	-12.5	-11.0	-11.0	-11.8	-11.3
	ΔE	1.9	2.1	2.1	2.1	2.1	1.9

附录 B　5R-Tg 对 DNA 双螺旋结构的影响

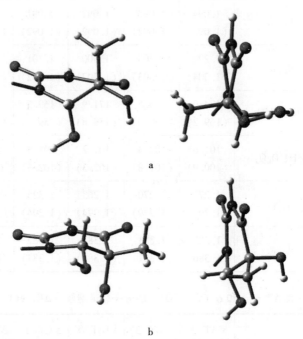

图 B1　轴向 5-CH3（b）赤道构象 5-CH3，5-CH3 基团的构象变化由 C2-N3-C5-C5M 描述

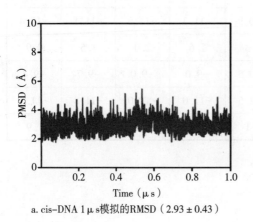

a. cis-DNA 1μs模拟的RMSD（2.93±0.43）

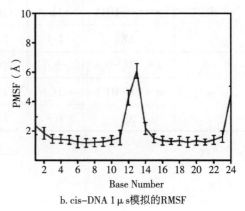

b. cis-DNA 1μs模拟的RMSF

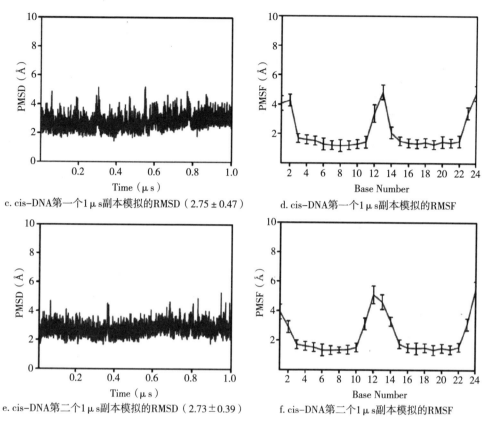

c. cis-DNA第一个1μs副本模拟的RMSD（2.75±0.47）

d. cis-DNA第一个1μs副本模拟的RMSF

e. cis-DNA第二个1μs副本模拟的RMSD（2.73±0.39）

f. cis-DNA第二个1μs副本模拟的RMSF

图 B2

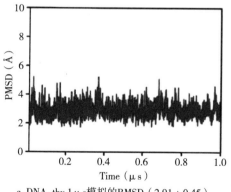

a. DNA-thy 1μs模拟的RMSD（2.91±0.45）

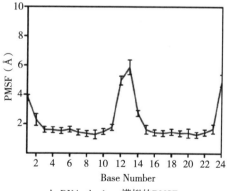

b. DNA-thy 1μs模拟的RMSF

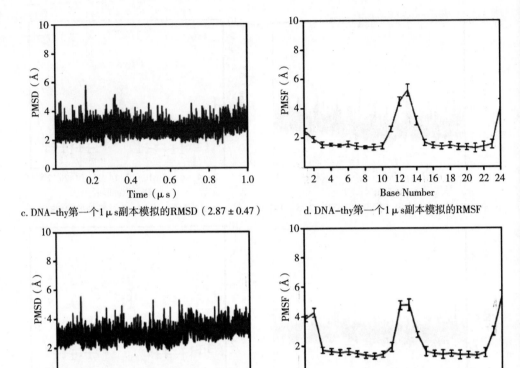

c. DNA-thy第一个1μs副本模拟的RMSD（2.87±0.47）

d. DNA-thy第一个1μs副本模拟的RMSF

e. DNA-thy第二个1μs副本模拟的RMSD（3.01±0.48）

f. DNA-thy第二个1μs副本模拟的RMSF

图 B3

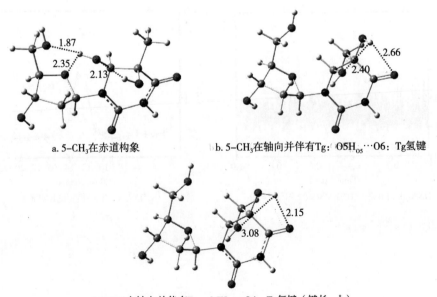

a. 5-CH₃在赤道构象

b. 5-CH₃在轴向并伴有Tg：O5H₀₅···O6：Tg氢键

c. 5-CH₃在轴向并伴有Tg：O5H₀₅···O4：Tg氢键（键长：Å）

图 B4　优化得到的 5R6S-Tg

表 B1　不同水平下计算得到的 5R，6S-Tg 的能量（以 a 构象作为参照，kcal mol^{-1}）

	M062X/6-31+G（d, p）	MP2/6-311G（d, p）
a	0.00	0.00
b	3.56	3.50
c	3.51	3.49

表 B2　T 和 5R，6S-Tg 及相邻的 G5，G7 和 A19 相互作用能分解（kcal mol^{-1}）

Interaction energy	T			5R，6S-Tg		
	G5	G7	A19	G5	G7	A19
Elec	0.7±1.2	−0.7±1.2	−10.9±1.9	−1.5±1.6	2.6±1.7	−10.9±2.1
Vdw	−6.9±0.9	5.3±0.9	−0.3±1.5	−7.6±0.6	−5.1±0.6	−0.6±1.4
Total	−6.2±1.4	−6.0±1.6	−11.2±1.1[a]	−8.9±1.5	−2.5±1.5	−11.5±1.4[b]

[a,b] 在 M06−2X/6−31+G（d, p）水平下计算得到的相应的能量分别是 −13.8kcal mol^{-1} 和 −12.9kcal mol^{-1}

表 B3　两次副本模拟中 T 和 5R, 6S-Tg 及相邻的 G5, G7 和 A19 相互作用能分解（kcal mol⁻¹）

Interaction energy	DNA-thy[a]			DNA-thy[b]			cis-DNA[a]			cis-DNA[b]		
	G5	G7	A19	G5	G7	A19	G5	G7	A19	G5	G7	A19
Elec	0.8±1.3	-1.0±1.0	-11.0±1.8	0.8±1.3	-1.1±1.1	-11.0±1.8	-1.7±1.6	2.5±1.8	-11.0±2.2	-2.0±2.0	2.6±1.7	-10.8±2.1
Vdw	-6.7±0.9	-5.4±0.8	-0.2±1.4	-6.8±1.0	-5.5±0.8	-0.3±1.3	-7.3±0.7	-5.1±0.6	-0.6±1.4	-7.0±0.9	-5.1±0.6	-0.7±1.4
Total	-5.9±1.4	-6.4±1.5	-11.2±1.1	-6.0±1.3	-6.6±1.6	-11.3±1.1	-9.0±1.5	-2.6±1.5	-11.6±1.4	-9.2±1.9	-2.5±1.5	-11.5±1.3

[a] 副本 1，[b] 副本 2

表 B4　T 和 5R, 6R-Tg 及相邻的 G5, G7 和 A19 相互作用能分解（kcal mol⁻¹）

Interaction energy	metastable structure			trans-DNA-1				trans-DNA-2			trans-DNA-3		
	G5	G7	A19	G5	G7	A19	C20	G5	G7	A19	G5	G7	A19
Elec	-1.4±1.8	0.7±1.9	-7.0±2.5	0.8±0.8	-0.7±1.3	-8.5±2.4	-12.6±3.0	-0.2±0.6	-1.9±2.0	-8.2±2.1	-0.5±1.3	2.3±1.5	-10.6±1.9
Vdw	-1.4±1.3	-4.4±0.9	-1.6±1.4	-3.7±0.5	-3.5±0.8	-1.3±1.3	-3.2±1.2	-2.1±0.5	-2.2±1.3	-4.6±1.3	-5.5±1.0	-5.1±0.6	-0.6±1.4
Total	-2.8±2.1	-3.7±1.7	-8.6±1.7	-2.9±0.9	-4.2±1.4	-9.8±1.7[b]	-15.8±2.6[a]	-2.3±0.6	-4.1±2.8	-12.8±1.7[b]	-6.0±1.5	-2.8±1.4	-11.2±1.1[c]

[a] 在 M06-2X/6-31+G (d, p) 水平下计算得到的相应能量为-26.3kcal mol⁻¹；[b,c] 在 M06-2X/6-31+G (d, p) 水平下计算得到的相应能量分别为-13.4 和-13.7kcal mol⁻¹

a. DNA-cis与DNA-thy

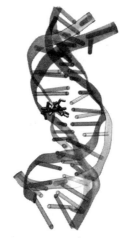

b. trans-DNA-1与DNA-thy

c. trans-DNA-2与DNA-thy

d. trans-DNA-3与DNA-thy

图 B5 平均结构重叠

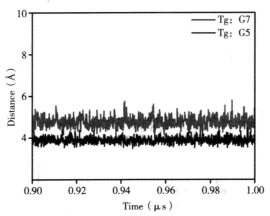

图 B6 cis-DNA 最后 100ns 模拟中 cis-5R, 6S-Tg 与 G5（3.890.15）和 G7（4.780.25）的质心之间的距离

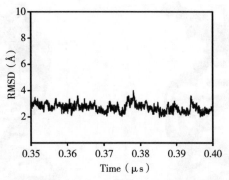

a. trans–DNA–1在0.35–0.40μs模拟中的RMSD（2.90±0.30）

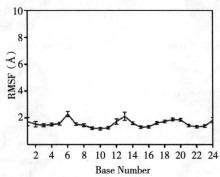

b. trans–DNA–1在0.35–0.40μs模拟中的RMSF

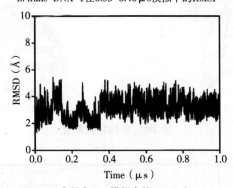

c. trans–DNA–1在整个1μs模拟中的RMSD（3.11±0.64）

图 B7

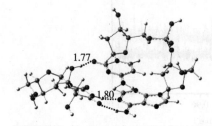

a.优化得到的trans–DNA–1中5R6R–Tg与A19/C20

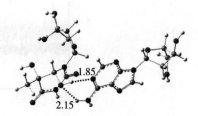

b.优化得到的trans–DNA–2中5R6R–Tg与A19

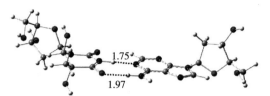

c.优化得到的trans-DNA-3中5R6R-Tg with A19（键长：Å）

图 B8

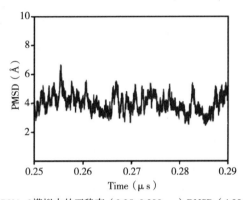

a. trans-DNA-2模拟中的亚稳态（0.25-0.290μs）RMSD（4.00±0.62）

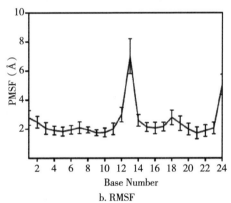

b. RMSF

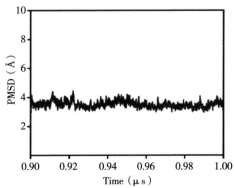

c. trans-DNA-2最后0.1μs模拟的RMSD（3.51±0.21）

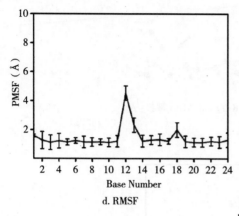

d. RMSF

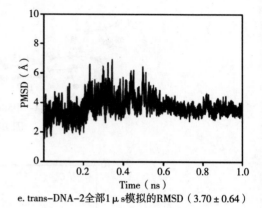

e. trans–DNA–2全部1μs模拟的RMSD（3.70±0.64）

图 B9

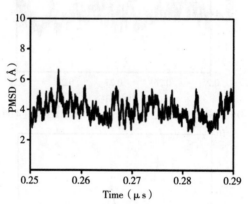

a. trans–DNA–3模拟中的亚稳态（0.16–0.18μs）的RMSD（2.86±0.28）

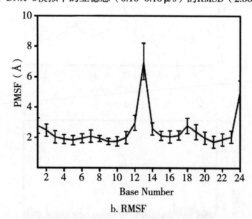

b. RMSF

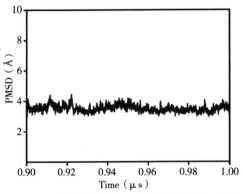

c. trans–DNA–3模拟中最后0.1μs的RMSD（2.83±0.33）

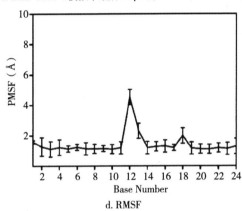

d. RMSF

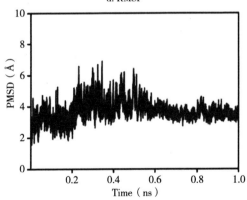

e. trans–DNA–3模拟中整个1μs的RMSD（2.73±0.56）

图 B10

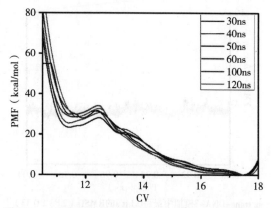

图 B11　不同时间尺度得到的 Tg 翻转的自由能曲线

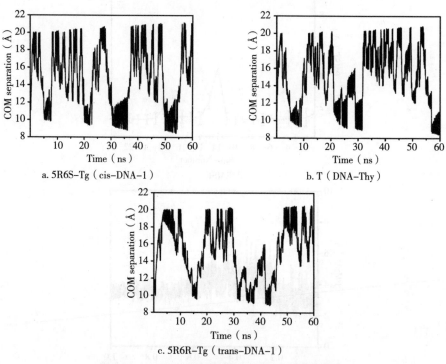

a. 5R6S-Tg（cis-DNA-1）

b. T（DNA-Thy）

c. 5R6R-Tg（trans-DNA-1）

图 B12　meta-eABF 模拟中对 CV 合理性的评估

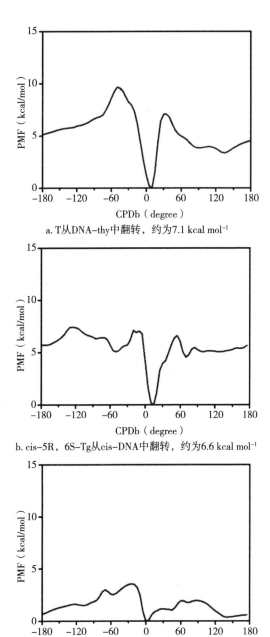

a. T从DNA-thy中翻转，约为7.1 kcal mol⁻¹

b. cis-5R，6S-Tg从cis-DNA中翻转，约为6.6 kcal mol⁻¹

c. trans-5R，6R-Tg从trans-DNA⁻¹中翻转，约为1.9 kcal mol⁻¹

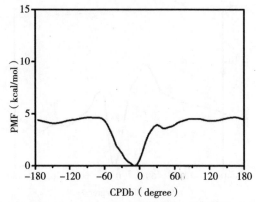

d. trans–5R，6R–Tg从trans–DNA–2中翻转，约为4.6 kcal mol⁻¹

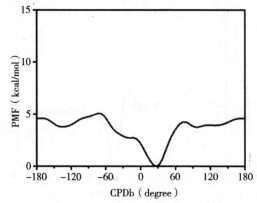

e. trans–5R，6R–Tg从trans–DNA–3中翻转，约为5.1 kcal mol⁻¹

图 B13　利用二面角 CPDb 作为反应坐标计算 T/Tg 翻转得到的自由能曲线

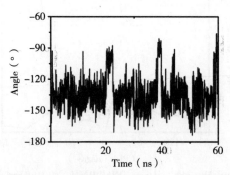

图 B14　C2–N3–C5–C5M 在 60ns meta–eABF 模拟中的变化

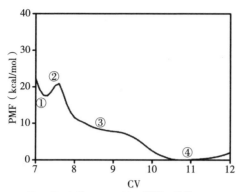

a. trans-5R，6R-Tg从trans-DNA-2翻转，约为4.1 kcal mol⁻¹

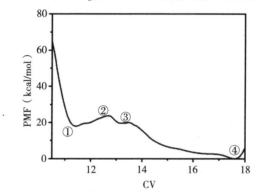

b. trans-5R，6R-Tg从trans-DNA-3中翻转，约为5.2 kcal mol⁻¹

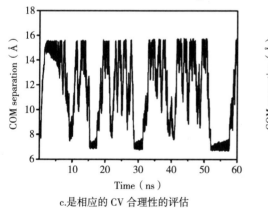

c.是相应的 CV 合理性的评估

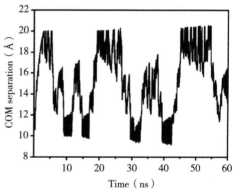

d.是相应的 CV 合理性的评估

图 B15 5R6R-Tg 翻转的自由能曲线

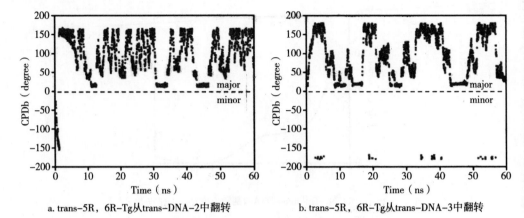

a. trans-5R，6R-Tg从trans-DNA-2中翻转　　　　b. trans-5R，6R-Tg从trans-DNA-3中翻转

图 B16　CPDb 二面角在 meta-eABF 模拟中的分布。当翻转从大沟发生时，
对应的 CPDb 为正值，相反从小沟翻转时，对应的 CPDb 为负值

表 B5　Curves+分析得到的 DNA 有关参数

	Xdisp	Ydisp	Inclin	Tip	Ax-bend			
DNA-thy	0.76	0.89	11.5	2.1	1.6			
cis-DNA	−0.93	−0.65	12.8	−4.2	3.0			
trans-DNA-1	−2.00	−0.91	−5.7	2.8	2.9			
trans-DNA-2	2.47	0.79	−18.8	−14.5	7.5			
trans-DNA-3	0.83	−0.08	−1.9	7.2	4.8			
	Shear	Stretch	Stagger	Buckle	Prople	Opening		
DNA-thy	0.16	−0.16	0.03	3.1	−11.1	−0.2		
cis-DNA	−0.01	0.02	−0.03	−28.4	−9.6	5.3		
trans-DNA-1	0.3	0.65	1.34	−46.2	7.9	25.7		
trans-DNA-2	0.45	−2.57	4.31	46.9	−5.1	4.4		
trans-DNA-3	0.28	−0.06	1.25	−18.9	−7.2	3.2		
	Shift	Slide	Rise	Tilt	Roll	Twist	H-rise	H-Twi
DNA-thy	−0.37	2	3.74	0.4	−4.1	43	4	42.6
cis-DNA	−0.07	0.27	3.27	0.3	7.7	29.5	3.21	30.2
trans-DNA-1	0.34	−1.43	2.3	17.3	7.6	6.8	2.24	5.7
trans-DNA-2	−1.58	−1.98	6.32	−0.8	−42.7	−13.6	4.16	−10.3

续表

trans−DNA−3	−1.01	2.12	3.6	3.9	−14.2	44.4	3.59	44.4	
	α	β	γ	δ	ε	ζ	χ	Pha	Amp
DNA−thy	−61.2	−175.7	44.3	142.1	−90.3	178.4	−93.1	155.8	41.5
cis−DNA	−83	173.3	63.3	86.5	−171	−81.4	−142.7	25.6	36.2
trans−DNA−1	−58.3	−172.2	43.6	80.5	−164	−54.6	−169.1	5.8	49.6
trans−DNA−2	−60.2	−178.8	45.6	86.4	−92.3	−158.9	−162.9	0.2	45.4
trans−DNA−3	−72.1	−149.3	47.3	138.3	−125.4	161	−81.1	171.3	41.4
	Min−W	Min−D	Maj−W	Maj−D					
DNA−thy	7.9	5	11.4	4.8					
cis−DNA	7.6	4.9	11.6	6.4					
trans−DNA−1	9.7	0.8	18.6	8					
trans−DNA−2	10.2	0.3	13.5	5.5					
trans−DNA−3	5.6	6.3	11.7	3.2					

附录 C 5S−Tg 对 DNA 双螺旋结构的影响

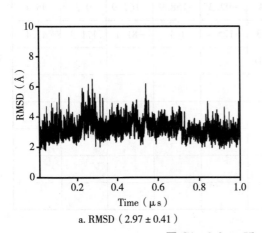
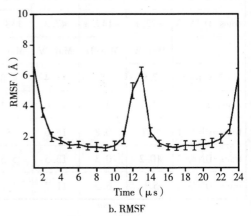

a. RMSD（2.97±0.41）　　　　　　　　b. RMSF

图 C1　1.0 μs 5S，6S−Tg DNA 模拟

表 C1　5S，6S−Tg 与其相邻的 G5，G7 和 A19 之间的能量分解（kcal mol⁻¹）

Interaction energy	5S6S−Tg		
	G5	G7	A19
Elec	−0.6±1.6	−10.3±2.5	−10.1±2.2
Vdw	−5.8±1.0	−3.5±1.4	−1.0±1.2
Total	−6.4±1.7	−13.8±2.2	−11.1±1.4

表 C2　5S，6R−Tg 与其相邻的 G5，G7 和 A19 之间的能量分解（kcal mol⁻¹）

Interaction energy	5S，6R−Tg			5S，6R−Tg		
	G5	G7	A19	G5	G7	A19
Elec	−0.1±2.6	−4.2±1.6	−10.1±2.8	−2.3±0.6	−4.1±0.8	−6.8±2.3
Vdw	−4.7±1.1	−4.4±1.0	−1.0±1.4	0.3±0.8	−4.0±2.3	−2.0±1.0
Total	−4.8±2.7	−8.6±2.1	−11.1±2.1[a]	−2.0±0.9	−8.1±2.0	−8.8±2.1[b]

[a] 0.32~0.79μs 能量分解，对应低能构象

[b] 0.79~0.80μs 能量分解，对应高能构象

G=0.00 kcal mol^{-1}

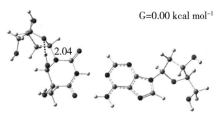

a. 在M06-2X/6-31G（d，p）水平优化得到的5S，6R-Tg：O6H$_{06}$···O4′：5S，6R-Tg结构

G=3.50 kcal mol^{-1}

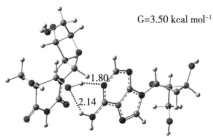

b. 在M06-2X/6-31G（d，p）水平优化得到的5S，6R-Tg：O6H$_{06}$···N1：A19结构

图 C2

a. 5S，6R-Tg低能构象　　　　b. 5S，6R-Tg：O6H$_{06}$···N1：A19的高能构象

c. 5S，6R-Tg翻转状态 d. 5S，6S-Tg

图 C3 包含不同状态 5S-Tg 的 DNA 结构与天然的 DNA 的结构重叠图

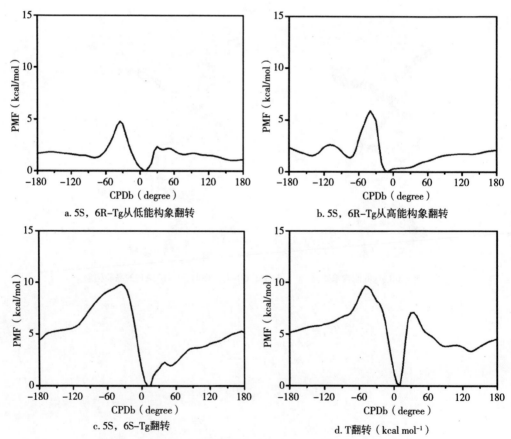

a. 5S，6R-Tg从低能构象翻转

b. 5S，6R-Tg从高能构象翻转

c. 5S，6S-Tg翻转

d. T翻转（kcal mol⁻¹）

图 C4 以 CPDb 角作为反应坐标 T/Tg 翻转的自由能曲线

附录 D　修复蛋白 hNEIL1 对 Tg：A 碱基对的识别

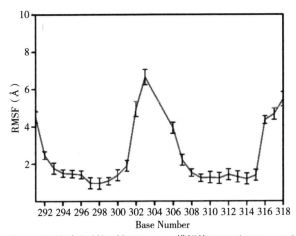

a.含Tg：A互补碱基对的双链DNA 1.0μs模拟的RMSD（2.47±0.50）

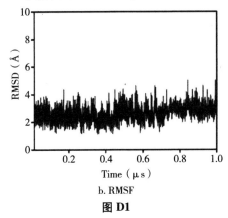

b. RMSF

图 D1

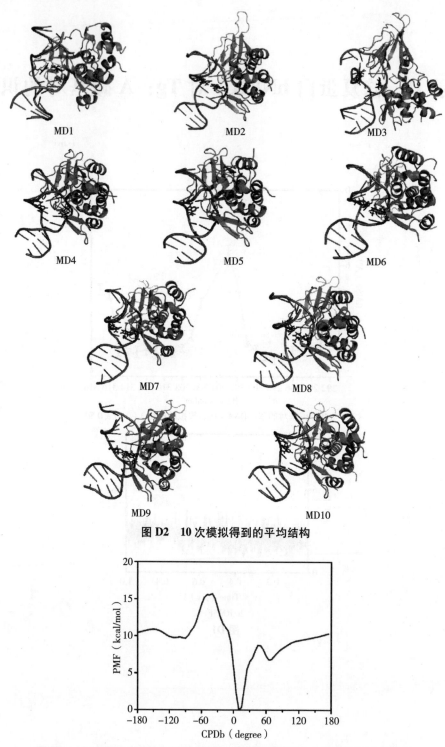

图 D2 10 次模拟得到的平均结构

图 D3 以 CPDb 二面角为反应坐标 Tg 从孤立的 DNA 中翻转的自由能曲线

附录 E 拟合得到的参数

表 E1 Tg 异构体电荷

	N1	C2	O2	N3	C4	O4	C5	C5M	O5	C6	O6
5R, 6S	-0.311	0.794	-0.580	-0.349	0.715	-0.539	-0.031	-0.148	-0.569	0.100	-0.590
5R, 6R	-0.286	0.455	-0.480	-0.170	0.667	-0.567	0.076	-0.111	-0.553	0.268	-0.633
5S, 6R	-0.207	0.706	-0.591	-0.427	0.649	-0.564	-0.048	0.011	-0.666	0.091	-0.700
5S, 6S	-0.233	0.412	-0.475	-0.395	0.378	-0.409	-0.244	-0.303	-0.419	0.152	-0.539

表 E2 Tg 异构体键参数（Kb）

	H-O	C6-H6	C5-O5	C5-C5M	C4-C5	C5-C6	C6-O6	C6-N1
5R, 6S	496.026	350.749	359.034	269.096	208.691	203.814	313.154	250.079
5R, 6R	486.858	342.067	358.938	258.930	221.792	185.673	364.787	224.581
5S, 6R	483.99	336.555	314.175	287.134	224.031	184.993	389.461	223.929
5S, 6S	493.203	359.474	329.19	286.881	286.881	178.166	334.644	217.611

表 E3 Tg 异构体二面角参数（Kchi）

	O5-C5-C4-O4	O5-C5-C6-O6	C5-C6-N1-C2	C5-C4-N3-C2	N3-C2-N1-C6
5R, 6S	0.737	0.417	0.822	0.197	0.679
5R, 6R	0.475	0.326	0.857	1.049	0.576
5S, 6R	1.705	0.959	0.555	1.705	2.007
5S, 6S	1.744	0.083	2.949	2.997	0.31

附录 F　A-DNA 中碱基的翻转

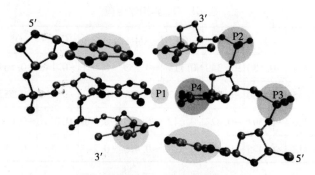

P1由翻转碱基两侧两对碱基对的质心确定
P2和P3由翻转碱基两侧的磷酸基团的质心确定
P4由嘌呤的五元环质心确定（当目标碱基为嘧啶时，由嘧啶的六元环质心确定）

图 F1　二面角 CPDb 的定义

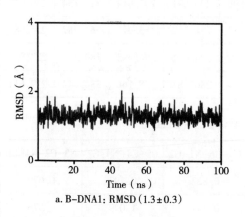

a. B-DNA1：RMSD（1.3±0.3）

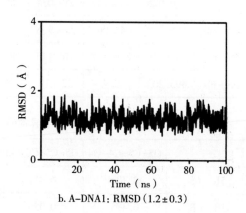

b. A-DNA1：RMSD（1.2±0.3）

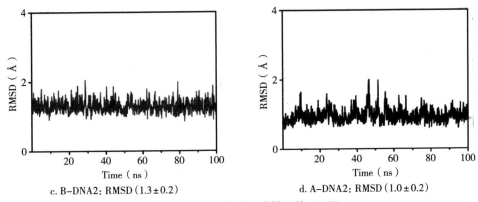

c. B-DNA2：RMSD（1.3±0.2）　　　　d. A-DNA2：RMSD（1.0±0.2）

图 F2　100ns 产物动力学模拟的 RMSD

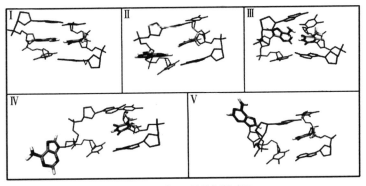

a. B-DNA1中A18及其相邻碱基

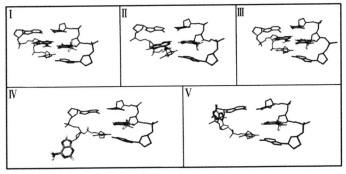

b. A-DNA1中A18及其相邻碱基

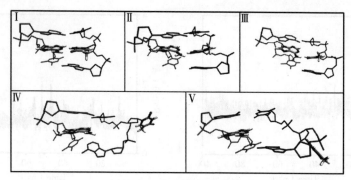

c. B–DNA1中T7及其相邻碱基

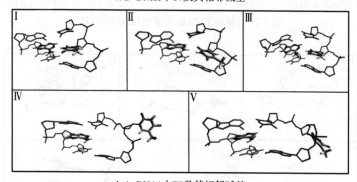

d. A–DNA1中T7及其相邻碱基

图 F3 碱基翻转过程中的代表性结构

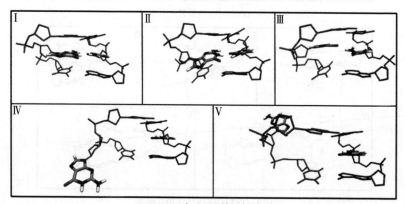

a. B–DNA2中G18及其相邻碱基

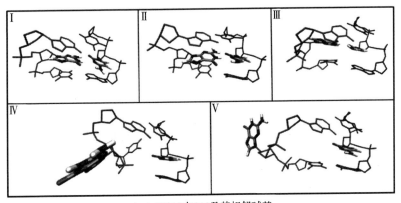

b. A-DNA2中G18及其相邻碱基

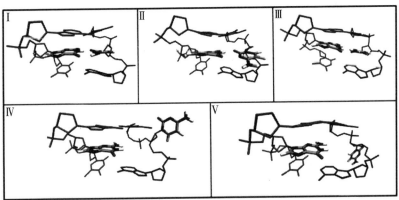

c. B-DNA2中C7及其相邻碱基

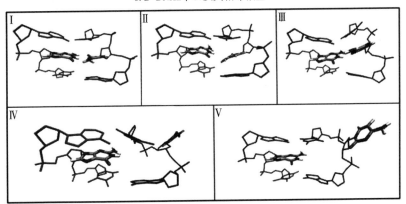

d. A-DNA2中C7及其相邻碱基

图 F4   碱基翻转过程中的代表性结构

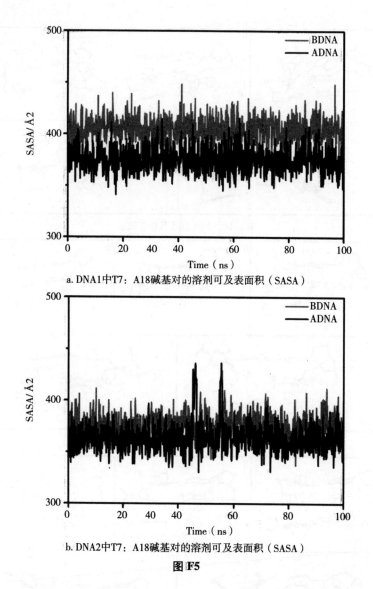

a. DNA1中T7：A18碱基对的溶剂可及表面积（SASA）

b. DNA2中T7：A18碱基对的溶剂可及表面积（SASA）

图 F5

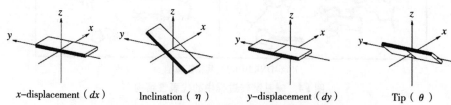

图 F6　本部分使用的 DNA 结构参数示意图[1]

---

① Lu, X-J.；W. K. 3DNA：A versatile，integrated software system for the analysis，rebuilding and visualization of three-dimensional nucleic-acid structures. Nat. Protoc. 2008，3，1213-1227.

表 F1　DNA1 中 T 和 A 碱基与其相邻碱基的相互作用能（kcal·mol⁻¹）

	T7∶A8[a]	T7∶A6[a]	A18∶T19[a]	A18∶A17[a]	T7∶A18[b]
A-DNA1	−4.9±0.7	−6.4±0.7	−6.4±0.8	−6.2±0.8	−11.0±1.2
B-DNA1	−5.4±0.8	−6.7±0.8	−6.7±0.8	−7.2±0.8	−10.9±1.2

[a] 代表π-π堆积作用

[b] 代表氢键相互作用

表 F2　DNA2 中 C 和 G 碱基与其相邻碱基的相互作用能（kcal·mol⁻¹）

	C7∶A8[a]	C7∶A6[a]	G18∶T19[a]	G18∶A17[a]	C7∶G18[b]
A-DNA2	−4.8±0.7	−5.7±0.7	−6.4±0.8	−6.3±0.8	−24.1±2.4
B-DNA2	−4.8±0.8	−6.0±0.8	−6.8±1.1	−7.5±0.8	−24.7±1.7

[a] 代表π-π堆积作用

[b] 代表氢键相互作用

表 F3　有关 DNA 参数

	Xdisp	Ydisp	Inclin	Tip				
A-DNA1	−4.39	0.07	18.5	1.3				
B-DNA1	−0.00	−0.13	3.1	−2.5				
A-DNA2	−4.21	0.33	21.9	1.2				
B-DNA2	0.18	0.05	1.5	0.3				
	Shear	Stretch	Stagger	Buckle	Prople	Opening		
A-DNA1	−0.09	−0.06	−0.06	2.8	−11.6	0.6		
B-DNA1	−0.01	+0.01	0.07	−1.5	−10.2	−0.7		
A-DNA2	0.12	0.00	−0.36	6.9	−9.3	2.2		
B-DNA2	0.29	−0.02	0.03	3.0	−10.3	−1.6		
	Shift	Slide	Rise	Tilt	Roll	Twist	H-rise	H-Twi
A-DNA1	0.00	−1.51	3.34	−0.3	10.6	31.0	2.70	32.8
B-DNA1	0.16	0.24	3.34	1.3	2.6	35.9	3.39	36.1
A-DNA2	−0.28	−1.27	3.35	−0.4	13.0	30.4	2.66	32.9
B-DNA2	−0.02	0.30	3.35	0.3	1.3	36.0	3.39	36.2

续表

	Min-W[a]	Min-D[b]	Maj-W[a]	Maj-D[b]				
A-DNA1	10. 2	0. 4	4. 4	11. 1				
B-DNA1	7. 3	5. 0	10. 7	5. 7				
A-DNA2	10. 2	0. 6	3. 6	10. 3				
B-DNA2	6. 9	5. 3	11. 7	3. 2				